◎ 本书为2023年度长沙市哲学社会科学规划课题"数字经济背景[...] 质量发展研究"（课题编号：2023CSSKKT63）的阶段性成果。

◎ 本书为2021年湖南省职业教育教学改革研究项目一般项目"'1[...] 计专业人才培养评价体系研究"（编号：ZJGB2021196）的阶段性成果。

◎ 本书为2020年湖南省教育厅科学研究项目"'1+X'证书制度下高职院校会计专业人才培养的路径研究"（编号：20C1323）的研究成果。

◎ 本书为2022年湖南信息职业技术学院精品在线开放课程"成本核算与管理"的配套研究成果。

新时代高职
大数据与会计专业
综合育人实践研究

李小花 ◎ 著

湖南师范大学出版社

·长沙·

图书在版编目（CIP）数据

新时代高职大数据与会计专业综合育人实践研究/李小花著. —长沙：湖南师范大学出版社，2023.8
ISBN 978 - 7 - 5648 - 5017 - 3

Ⅰ. ①新… Ⅱ. ①李… Ⅲ. ①高等职业教育—数据处理—人才培养—研究—中国 ②高等职业教育—会计学—人才培养—研究—中国 Ⅳ. ①TP274 ②F230

中国国家版本馆 CIP 数据核字（2023）第 145222 号

新时代高职大数据与会计专业综合育人实践研究
Xinshidai Gaozhi Dashuju yu Kuaiji Zhuanye Zonghe Yuren Shijian Yanjiu

李小花　著

◇出 版 人：吴真文
◇组稿编辑：李　阳
◇责任编辑：李健宁　李　阳
◇责任校对：谢兰梅
◇出版发行：湖南师范大学出版社
　　　　　　地址/长沙市岳麓区　邮编/410081
　　　　　　电话/0731-88873071　0731-88873070
　　　　　　网址/https：//press. hunnu. edu. cn
◇经销：新华书店
◇印刷：长沙市宏发印刷有限公司
◇开本：710 mm×1000 mm　1/16
◇印张：14.75
◇字数：250 千字
◇版次：2023 年 8 月第 1 版
◇印次：2023 年 8 月第 1 次印刷
◇书号：ISBN 978 - 7 - 5648 - 5017 - 3
◇定价：58.00 元

凡购本书，如有缺页、倒页、脱页，由本社发行部调换。
投稿热线：0731-88872256　微信：ly13975805626　QQ：1349748847

前　言

　　自改革开放起，我国各项产业进入了迅速发展的时期，具有职业教育特性的高等职业教育院校（以下简称"高职院校"），主要培育的是技术技能型人才，主要负责为各类企业输送专业型人才，与各产业的发展具有直接的关系。因此，在各产业发展的带动下以及国家对职业教育越来越重视的背景下，高等职业教育呈现出了稳步上升的趋势，在高等教育体系中也逐渐具有了举足轻重的地位。而作为高等职业教育一分子的会计专业，也跟随产业的变化形势作出了多次转型。当下，在新兴技术与各行业不断深入融合的形势下，融入了大数据技术，会计专业更名为大数据与会计专业。党的二十大报告提出："统筹职业教育、高等教育、继续教育协同创新，推进职普融通、产教融合、科教融汇，优化职业教育类型定位。"这一战略部署指明了加快推进中国特色现代职业教育高质量发展的新目标新领域新赛道，体现了中国共产党关于新时代职业教育的发展观和方法论。此背景也对高职院校的发展提出了更高的要求，大数据与会计专业自然也包含在其中。从这个角度来看，目前我国高职院校的大数据与会计专业还存在着一些问题，其中较为突出的一点是其所培养出的毕业生就业率偏低，造成这种情况的原因有很多，但是最重要的一点就是大数据与会计专业毕业生的综合素质不高，在教学中院校更注重理论知识的传授，而在实践操作能力和职业素质培养方面没有给予足够的重视。所以，走入岗位后通常还需要企业再次进行培训，对企业的人力、物力和财力造成一定的消耗，无法满足企业对高素质应用型会计人才的需求。因此，高职院校大数据与会计专业作为培养应用型会计人才的摇篮，应探索如何在新时代背景下深入推进综合育人改革，这是一项紧迫且具有重要现实意义的任务。

基于此，作者结合自身教学经历与积累，编著了此书，希望能够为新时代高职大数据与会计专业的综合育人改革提供一些启示。全书共分为四章：第一章，概述了我国高职大数据与会计专业的发展历程，并界定相关概念、建立研究理论基础；第二章，分析了高职大数据与会计专业综合育人研究现状及存在的问题，确定了高职大数据与会计专业综合育人的目标和任务；第三章，详细探讨了"岗课赛证"融通理念下高职大数据与会计专业综合育人改革，针对现有问题提出综合育人的改革方向；第四章，分析高职大数据与会计专业综合育人的实现路径。全书内容的编写从理论与实践结合入手，而后从综合育人的角度结合育人现状分析存在的问题，对高职院校大数据与会计专业的学生如何能够在掌握自身专业技能的同时，还能够具备会计行业所需的职业素养和综合能力进行了探讨，在这一过程中，结合当下"岗课赛证"融通、产教融合等研究热点，力求具备实用性和前沿性。在本书的编写过程中，笔者参考借鉴了国内外学者的大量研究成果，在此对这些学者表示衷心的感谢。同时，对我院学术委员会的领导及专家、出版社的领导及责任编辑、会计教研室的同事们一并表示衷心的感谢。由于时间及作者水平所限，本书难免存在不足之处，真诚地希望读者对本书提出宝贵的意见和建议，以便将来修订和完善。

李小花

于湖南信息职业技术学院

目　录

第一章
高职大数据与会计专业综合育人概述

第一节 我国高职大数据与会计专业教育发展历程

一、我国高等职业教育的发展历程

我国高等职业教育发展较晚，起源于我国改革开放时期，是为了改善当时应用型人才短缺的现状而新兴的一类教育形式，属于高等教育体系的一部分，同时具备高等教育和职业教育两种属性，从改革开放初期至今，大致经历了如下三个发展阶段。

（一）第一阶段（1980—1998 年）

1978 年，党的第十三届三中全会召开，这意味着我国开始进入改革开放新时期，在此背景之下，全国各地区都逐渐进入经济飞速发展的时期，应用型人才短缺的问题也逐渐显现出来。为了解决这一问题，助力产业的发展，一些走在改革开放前沿的城市，开始举办"收费、走读、不包分配"的地方性短期职业大学，这就是"高等职业教育"的雏形。

1985 年，《中共中央关于教育体制改革的决定》指出："社会主义现代化建设不但需要高级科学技术专家，而且迫切需要大量素质良好的中、初级技术人员、管理人员、技工和其他城乡劳动者，所以必须大力发展职业教育。"①

---

① 职业教育与继续教育 ［EB/OL］. （2008－10－08）. http：//www. moe. gov. cn/jyb_ xwfb/xw_ fbh/moe_ 2606/moe_ 2074/moe_ 2437/moe_ 2444/tnull_ 39457. html.

1994 年，第二次全国教育工作会议确定高等教育发展的重点是发展高等职业教育。国家决定"通过现有的职业大学、部分高等专科学校或独立设置的成人高校改革办学模式、调整培养目标来发展高等职业教育，在仍不满足时，经批准利用少数具备条件的重点中等专业学校改制或举办高职班作为补充来发展高等职业教育"①。自此，确定了"三改一补"发展高等职业教育的基本方针。

1996 年 5 月 15 日，第八届全国人民代表大会常务委员会第十九次会议通过《中华人民共和国职业教育法》，提出"建立、健全职业学校教育与职业培训并举，并与其他教育相互沟通、协调发展的职业教育体系"。其中第十三条规定："职业学校教育分为初等、中等、高等职业学校教育……高等职业学校教育根据需要和条件由高等职业学校实施，或者由普通高等学校实施。"② 自此，我国的高等职业教育开始有法可依。

（二）第二阶段（1998—2005 年）

1998 年 3 月，第九届全国人民代表大会常务委员会第一次会议通过《关于国务院机构改革方案的决定》，国家教育委员会更名为教育部。是年，教育部将原国家教委高教司、职教司、成教司分管普通专科层次学历教育的处室职能合并，在当时的高等教育司成立高职高专教育处，这也是高等职业教育当初被称作高职高专教育的主要原因，"高职高专教育"作为一个新词第一次走入大众视野。原本分由三个司局管理、各有发展历史和发展思路的高等专科教育、高等职业教育和成人高校举办的普通专科教育合并实施统筹管理。③ 同年，《中华人民共和国高等教育法》颁布，其中第六十八条规定："本法所称高等学校是指大学、独立设置的学院和高等专科学

---

① 实践创新：铸就中国特色高等职业教育品牌 [EB/OL]. (2019 - 04 - 08). http://www. moe. gov. cn/jyb_ xwfb/xw_ zt/moe_ 357/jyzt_ 2019n/2019_ zt8/zjjd/201904/t20190424_ 379348. html.

② 刘红. 发现高职：不一样的大学——首份高等职业教育质量年度报告发布 [J]. 中国职业技术教育，2012（25）：51 - 59.

③ 林宇. 21 世纪以来高等职业教育发展的回顾与思考 [J]. 中国职业技术教育，2022（15）：5 - 12.

校，其中包括高等职业学校和成人高等学校"，进一步确立了高等职业教育的法律地位。①

1999 年 1 月，教育部、原国家发展计划委员会《关于印发〈试行按新的管理模式和运行机制举办高等职业技术教育的实施意见〉的通知》更明确地提出高等职业教育由以下机构承担：短期职业大学、职业技术学院、具有高等学历教育资格的民办高校、普通高等专科学校、本科院校内设置的高等职业教育机构（二级学院）、经教育部批准的极少数国家级重点中等专业学校、办学条件达到国家规定合格标准的成人高校等。② 至此，职业大学、职业技术学院、高等专科学校、普通本科院校二级职业技术学院、部分重点中专、成人高等学校等六类高校共同举办高等职业教育的局面基本形成。同月，《国务院批转教育部面向 21 世纪教育振兴行动计划的通知》提出："高等职业教育必须面向地区经济建设和社会发展，适应就业市场的实际需要，培养生产、服务、管理第一线需要的实用人才，真正办出特色。"③ 1999 年 6 月，中共中央、国务院《关于深化教育改革全面推进素质教育的决定》进一步指出：高等职业教育是高等教育的重要组成部分，要大力发展高等职业教育，培养一大批具有必要理论知识和较强的实践能力，生产、建设、管理、服务第一线和农村急需的专门人才。1999 年年底，教育部召开第一次全国高职高专教育教学工作会议，会后印发《教育部关于加强高职高专教育人才培养工作的意见》，提出高职高专教育是我国高等教育的重要组成部分，培养拥护党的基本路线，适应生产、建设、管理、服务第一线需要的，德、智、体、美等方面全面发展的高等技术应用性专门人才。附件 1 "关于制订高职高专教育专业教学计划的原则意见"、附件 2 "高等职业学校、高等专科学校和成人高等学校教学管理要点"，进一步指导高等职业院校将统一的指导思想和培养目标具体落实到教学安排和日常

---

① 王宝岩. 我国高等职业教育政策定位研究 [J]. 现代教育科学，2011 (03)：78 - 81.
② 王宝岩. 我国高等职业教育政策定位研究 [J]. 现代教育科学，2011 (03)：78 - 81.
③ 转发国务院批转教育部面向 21 世纪教育振兴行动计划的通知 [EB/OL]. (1999 - 04 - 13). https://www. gd. gov. cn/zwgk/gongbao/1999/13/content/post_ 3359580. html.

管理之中。①

2004 年，《教育部关于以就业为导向深化高等职业教育改革的若干意见》（以下简称《意见》）明确了高职院校必须坚持的办学方针和培养目标，即：高等职业教育应以服务为宗旨，以就业为导向，走产学研结合的发展道路……培养面向生产、建设、管理、服务第一线需要的"下得去、留得住、用得上"，实践能力强、具有良好职业道德的高技能人才。以《意见》为标志，高等职业教育的发展逐渐转向更加注重质量提高、更加重视内涵发展，在全社会树立高职教育主动服务于社会经济发展的良好形象。

2005 年，国务院召开第六次全国职业教育工作会议，提出了建设百所示范性高职院校，高等职业教育迎来了重要的战略机遇期。②

（三）第三阶段（2006—2013 年）

在这一个阶段中存在着一个变化，即在正式的文件以及学术研究中，"高等职业教育"逐渐取代了以往的"高职高专教育"。两者的本质上是存在着一些区别的，"高职高专"有两方面的含义，其一指的是高职和高专；其二指的是专科层次的高等职业教育。"高等职业教育"则如同字面表现的意义一般，指的是高等教育层次上的职业教育，在教育层面上既具有高等性又具有职业性。而我国的高等教育，则涵盖了专科教育。所以，虽然看似仅为名称上的一种变化，但其实质却是职业教育体系化、层级化的一种转变。

2006 年，《教育部、财政部关于实施国家示范性高职院校建设计划、加快高等职业教育改革与发展的意见》和《教育部关于全面提高高等职业教育教学质量的若干意见》的颁布，标志着国家高职教育政策在强化特色、加快改革、提高质量方面开始重点引导。③ 当年，因美国次贷危机而引发的全球经济危机，对我国的出口造成了较为严重的负面影响，进而影响了全

① 关于印发《教育部关于加强高职高专教育人才培养工作的意见》的通知 [EB/OL]. (2000 - 01 - 17). http：//www. moe. cn/s78/A08/tongzhi/201007/t20100729_ 124842. html.

② 林宇. 21 世纪以来高等职业教育发展的回顾与思考 [J]. 中国职业技术教育，2022 (15)：5 - 12.

③ 林宇. 21 世纪以来高等职业教育发展的回顾与思考 [J]. 中国职业技术教育，2022 (15)：5 - 12.

国经济的发展，与此同时，当年普通高校毕业生的人数也打破了以往的纪录，给国家带来了新的就业压力。与之截然不同的是，接受高等职业教育的毕业生，就业率却不断地在提升。

2008 年，《教育部关于印发〈高等职业院校人才培养工作评估方案〉的通知》要求"所有独立设置的高等职业院校自本评估方案发布起，每学年度须按要求填报《高等职业院校人才培养工作状态数据采集平台》"。《高等职业院校人才培养工作评估方案》明确"逐步形成以学校为核心、教育行政部门为引导、社会参与的教学质量保障体系""实施过程中应强调评与被评双方平等交流，共同发现问题、分析问题，共同探讨问题的解决办法，注重实际成效，引导学校把工作重心放到内涵建设上来""评价结论分为'通过'和'暂缓通过'"。①

2010 年，《国家教育改革和发展规划纲要（2010—2020 年)》颁布，确立了现代职业教育体系的发展目标。这一时期在实现中等职业教育大规模扩招、高等职业教育加快发展的同时，主要围绕突出以育人为本大力加强德育工作、以就业为导向创新人才培养模式、以示范校和实训基地建设为抓手着力提升基础能力、以实施职业院校教师素质提高计划为依托积极推进师资队伍建设等四个方面加大改革发展力度。

2011 年，为贯彻落实国家教育规划纲要关于建设现代职业教育体系的要求，教育部先后发布《关于推进中等和高等职业教育协调发展的指导意见》和《关于推进高等职业教育改革创新引领职业教育科学发展的若干意见》等重要文件，提出了高等职业教育要以提高质量为核心，以增强特色为重点，以合作办学、合作育人、合作就业、合作发展为主线，努力建设中国特色、世界水准的高等职业教育。中央财政投入 20 亿元，实施全国高职院校提升专业服务能力项目，以点带面，普遍提高专业的社会服务能力。从此，高等职业教育进入全面质量提升的历史新阶段。②

---

① 教育部　财政部关于实施中国特色高水平高职学校和专业建设计划的意见 [EB/OL]. (2019 – 04 – 1). http://www.moe.gov.cn/srcsite/A07/moe_737/s3876_qt/201904/t20190402_376471.html.

② 刘红. 发现高职：不一样的大学——首份高等职业教育质量年度报告发布 [J]. 中国职业技术教育，2012 (25)：51–59.

2012 年，党的十八大召开，党的十八大报告对各级各类教育发展提出了明确要求，其中强调要"加快发展现代职业教育"。

2013 年，党的第十八届三中全会决议通过《中共中央关于全面深化改革若干重大问题的决定》，此文件明确"加快现代职业教育体系建设，深化产教融合、校企合作，培养高素质劳动者和技能型人才"。至此，"工学结合、校企合作、产教融合"成为一套层次清晰、结构完整的职业教育发展理念，从教育教学、办学治校、宏观管理三个层面，高度凝练地阐明了发展职业教育的理念和方法——教学层面要工学结合、学做合一，办学层面要校企合作、开门办学，行政管理要产教融合、互促发展。①

（四）第四阶段（2014—2018 年）

2014 年，国务院召开了全国职业教育工作会议，随即印发了《国务院关于加快发展现代职业教育的决定》，这是从国务院层面首次提出产教要融合、首次提出企业要作为办学主体之一、首次提出要建设从中职到研究生的现代职业教育体系、首次提出要探索发展本科层次职业教育。同年发布的《国务院关于深化考试招生制度改革的实施意见》，首次提出将综合素质作为招生考试过程中重要的考查、评测内容之一。《教育部关于开展现代学徒制试点工作的意见》则成为首份专门为探索建立校企联合招生、联合培养、一体化育人的长效机制，建立企业和职业院校双主体育人的中国特色现代学徒制而研制的文件。②

2015 年，教育部印发《高等职业教育创新发展行动计划（2015—2018年)》，总结"十二五"经验，面向"十三五"布局，第一次专门针对高等职业教育全面系统规划改革发展。

2017 年，党的十九大召开，党的十九大报告强调"完善职业教育和培

---

① 林宇.21 世纪以来高等职业教育发展的回顾与思考［J］.中国职业技术教育，2022（15）：5 - 12.

② 张强.党的十八大以来我国职业教育的发展进程、成效经验与未来路向［J］.职教通讯，2022（10）：46 - 52.

训体系，深化产教融合、校企合作"。在此阶段，国家持续加大投入力度，加快改善职业教育办学条件，加快在关键领域进行突破。年底，国务院办公厅《关于深化产教融合的若干意见》进一步指出："深化产教融合，促进教育链、人才链与产业链、创新链有机衔接，是当前推进人力资源供给侧结构性改革的迫切要求，对新形势下全面提高教育质量、扩大就业创业、推进经济转型升级、培育经济发展新动能具有重要意义。"提出"构建教育和产业统筹融合发展格局""推进产教融合人才培养改革"，并将产教融合的要求扩展至基础教育和高等教育，上升为国家战略。产教融合从职业教育外溢至覆盖基础教育到高等教育的全领域，成为职业教育改革实践对整个教育事业的贡献。①

2018 年 12 月，国务院办公厅印发《关于对真抓实干成效明显地方进一步加大激励支持力度的通知》，明确 2019 年起将职业教育改革明显的省（区、市）纳入激励支持，成为 30 项中唯一的教育项目，体现了国家以更大力度推进职业教育高质量发展的决心。②

（五）第五阶段（2019 年至今）

2019 年 1 月，国务院印发《国家职业教育改革实施方案》（"职教 20 条"），明确提出"职业教育与普通教育是两种不同教育类型，具有同等重要地位"，这是从国家层面上，首次将职业教育放置到与普通教育同等重要的地位上，对职业教育来说，具有十分重要的意义；并且第一次提出"开展本科层次职业教育试点"，教育部之后陆续批准设立了 32 所职业本科学校，迈出职业教育独立建制办本科的步伐。

2019 年 4 月，教育部、财政部印发《关于实施中国特色高水平高职学校和专业建设计划的意见》（"双高"建设），提出"集中力量建设 50 所左右高水平高职学校和 150 个左右高水平专业群，打造技术技能人才培养高地

---

① 林宇 . 21 世纪以来高等职业教育发展的回顾与思考［J］. 中国职业技术教育，2022（15）：5 - 12.

② 林宇 . 21 世纪以来高等职业教育发展的回顾与思考［J］. 中国职业技术教育，2022（15）：5 - 12.

和技术技能创新服务平台，支撑国家重点产业、区域支柱产业发展，引领新时代职业教育实现高质量发展"。① "双高"建设机制设计不同以往，在坚持效率优先的前提下更加注重机会公平，项目管理趋向常态模式，改固定范围分批建设为分阶段全范围择优支持。"双高"建设还第一次提出专业集群建设理念，一方面提高了专业建设的集约性、强化了相关专业发展的相互支撑支持作用，以期达到"1＋1＞2"的效果；另一方面也与本科改革的"学科交叉"相呼应，有利于催生新的培养方向和专业发展方向。② "双高"建设体现了示范校建设之后，高职战线围绕专业建设进一步升级的目标追求。此外，新修订的《职业教育法》规定专科层次高等职业学校"符合产教深度融合、办学特色鲜明、培养质量较高等条件的"专业，"经国务院教育行政部门审批，可以实施本科层次的职业教育"，为专科高职院校基于专业建设的多渠道多样化发展提供了空间。③

2020 年 9 月，由教育部等九部门印发的《职业教育提质培优行动计划（2020—2023 年）》（以下简称《行动计划》），正式发布。这标志着我国职业教育正在从"怎么看"转向"怎么干"的提质培优、增值赋能新时代，也意味着职业教育从"大有可为"的期待开始转向"大有作为"的实践阶段。④

2021 年是"十四五"规划的开局之年，《中共中央关于制定国民经济和社会发展第十四个五年规划和二〇三五年远景目标的建议》适时公布，其中"建设高质量教育体系"被列为目标之一，明确提出要"增强职业技术教育适应性"。⑤ 4 月，第一次以中共中央、国务院名义召开全国职业教育

---

① 教育部与财政部关于实施中国特色高水平高职学校和专业建设计划的意见［EB/OL］.（2019 - 03 - 29）［2023］https：//www. gov. cn/zhengce/zhengcoku/2019 - 10/23/content - 5443966. htm.

② 林宇. 21 世纪以来高等职业教育发展的回顾与思考［J］. 中国职业技术教育，2022（15）：5 - 12.

③ 林宇. 21 世纪以来高等职业教育发展的回顾与思考［J］. 中国职业技术教育，2022（15）：5 - 12.

④ 陈桂梅. 高职院校多元结构化人才培养内部机制研究［J］. 中国职业技术教育，2021（06）：75 - 83.

⑤ 张强. 党的十八大以来我国职业教育的发展进程、成效经验与未来路向［J］. 职教通讯，2022（10）：46 - 52.

大会，会后印发中共中央办公厅、国务院办公厅《关于推动现代职业教育高质量发展的意见》，该文件对新时代职业教育高质量发展作出全面部署，其确定了"2035 年基本建成技能型社会"的发展目标，直指改革发展中深层次的体制机制问题，推动职业教育努力"领跑"技能型社会的建设。[①] 同年，教育部也先后印发《本科层次职业学校设置标准（试行）》和《关于"十四五"时期高等学校设置工作的意见》，首次明确了本科层次职业学校的设置条件；印发《本科层次职业教育专业设置管理办法（试行）》和《职业教育专业目录（2021 年）》，第一次列出了"高职本科专业 247 个"，确定了高职本科专业设置的依据和规则，开启了职业教育本科的新实践。[②]

2022 年，党的二十大召开，党的二十大报告指出，"统筹职业教育、高等教育、继续教育协同创新，推进职普融通、产教融合、科教融汇，优化职业教育类型定位"，再次明确了职业教育的发展方向。[③] 同年 4 月，新修订的《中华人民共和国职业教育法》在十三届全国人大常委会第三十四次会议上表决通过，并于 2022 年 5 月 1 日起施行。[④] 新修订的职业教育法强调了职业教育是与普通教育具有同等重要地位的教育类型，在立法目的中增加了三点：一是促进就业创业；二是建设技能型社会；三是明确职业教育是为全面建设社会主义现代化国家提供有力人才和技能支撑。

2021 年以来，教育部遵循职业教育办学规律，以系统思维和分类指导思路作为方法论，引导中职学校多样化发展，培育了一批优质中职学校；启动了"职业学校达标工程"，全面补齐职业学校的发展短板；印发了《职业教育示范性虚拟仿真实训基地建设指南》，为职业教育示范性虚拟仿真实训基地建设提供政策指导与支持；推进实施了《职业学校学生实习管理规定》，加强实习管理；出台了《关于实施职业院校教师素质提高计划

---

① 张强. 党的十八大以来我国职业教育的发展进程、成效经验与未来路向 [J]. 职教通讯, 2022（10）：46－52.

② 林宇. 21 世纪以来高等职业教育发展的回顾与思考 [J]. 中国职业技术教育, 2022（15）：5－12.

③ 严碧华. 产教融合需持续走深走实 [J]. 民生周刊, 2023（05）：6.

④ 徐航. 培育大国工匠厚植职业教育沃土 [J]. 中国人大, 2022（09）：20－21.

(2021—2025 年）的通知》《"十四五"职业教育规划教材建设实施方案》等文件。精准聚焦、逐个击破职业教育改革中所呈现出的种种现实矛盾和利益冲突，更加注重优质职业教育资源的合理分配、共建共享和均衡发展等问题，着力实现职业教育与社会经济的良性互动、融合发展，积极推动技能型社会建设。①

二、我国会计教育的发展历程

（一）"书计"教育方式的演进

中国的会计教育最早被称为"书计"，其从夏朝出现以前就已开始显现出了雏形，当时就流传着"隶首作算数"的说法，足见在那个时候，人们就已经开始有了计数的意识。至商朝，人们对于计数的运用已经较为熟练，一个具有代表性的例子就是人们已经运用甲骨文数码来记录经济收支事项，也已经产生了计数的法则，"书计"发展成了一种专门的学问，在当时贵族的教育体系中，"数"也成了官学要求学生掌握的六种基本技能之一，属于基础学科之一。而当时的统治者为了维护自己的权利，还会在"书计"中寻找表现出色的人，并培养他们成为主管财政收支计算方面的人才。《礼记·内则》说："六年，教之数与方名……十年，出就外傅，居宿于外，学书计。"② 从此段记载中，我们可以看出，当时"书计"的学习从开蒙起要持续六年的时间，而后想要继续专门学习"书计"，则需要远离家乡去拜师求教。此种将"书计"纳入贵族教育体系的教育方式，从商朝一直持续到了汉朝。《汉书·食货志》言："八岁入小学，学六甲、五方、书计之事。"③ 从中我们可知，在汉朝时，小学中也仍然设置了"书计"课程。而在封建王朝时期，之所以统治者会在官学之中设置"书计"，让其成为贵族的必备技能之一，更多的是统治者为了维护自身王权所作出的考虑，为了

---

① 张强. 党的十八大以来我国职业教育的发展进程、成效经验与未来路向［J］. 职教通讯，2022（10）：46 - 52.

② 郭书春. 中国传统数学史话［M］. 北京：中国国际广播出版社，2012：13.

③ 章太炎. 大师讲堂学术经典：章太炎讲国学［M］. 北京：团结出版社，2019：76.

将此类人才把控在自己手中，而后从中挑选能用之人，进而控制财计，将经济的权利始终集中在自己手中。

为了更便于统治者对国家财政进行管理，古代"书计"课程的教学往往会与会计方法的运用相结合。我国《算经十书》中最为重要的《九章算术》，全书共分为九章，共包含了246道能够与生活和生产实践具有实际联系的例题，这些例题中大部分都需要运用到会计计算方法。如第一章"方田"，讲述的主要为图形面积的计算方法，在实际应用中，有助于人们计算耕地的面积，与当时的农产税收制度密切相关，并为当时的财务核算机构核算钱粮，提供了一种精确的计量手段。第二章"粟米"，主要讲述的是粮食的折换比例，是当时官方财务人员折算银子和粮食的依据，也是当时市面上货物交易的依据。再如第五章"商功"，讲述的是土石工程、体积的计算，对于当时土木工程中木方、土方的计算以及官方计算储粮容量等均具有指导性作用。正是因为《九章算术》内的例题涉及的范围非常广泛，不仅与建筑、土地丈量、容积换算等有关，还能够解决官方和民间在会计计算等方面存在的诸多问题。因此，中国古代的统治阶级大多会将《九章算术》作为官学的主要教材之一，随后，《九章算术》也受到了官学师生们的重视。

而在中国古代，如《九章算术》一般与"书计"和会计方法运用相关的书籍还有很多，如《张丘建算经》《五曹算经》，以及传本《夏侯阳算经》等。这些著作与《九章算术》同属中国古代算经十书，均出现在《九章算术》之后，内容的选择、编排的风格等或多或少都对其进行了参考，与其较为相似，且均比较注重实用性。《张丘建算经》既解决了"九品混通"的租调法问题，也回答了冶铁及染织业生产过程中的成本计算问题。《五曹算经》实际上是一部专供当时财政、会计官员学习的实用算术，其中"田曹""仓曹""金曹"三卷之举例，是直接从会计工作中选择的问题。从传本《夏侯阳算经》中，可以清楚地看到它对唐代粗庸调与两税法中若干计算问题的反映。① 此外，在明末清初问世的梅文鼎所著的《笔算》一书

---

① 郭道扬. 中国会计教育事业的历史起点与初步演进［J］. 财会月刊，1997（10）：3－6.

中，其加减运算，专门以中国会计发展史上著名的"钱粮四柱法"为例，并运用数学的基本原理对"四柱结算法"的科学性进行了恰如其分的总结。故我国会计学者认为，《笔算》一书是数学与会计密切结合的一个典型例证。[①]

从以上发展历史中我们能够发现，会计的发展与数学的发展是密不可分的，两者不仅源流相同，并且在整个过程中也是相互影响、相互促进的一种关系，"书计"课程实质上就是古代算数与会计计算运用的一种结合。而有合就有分，随着朝代的更迭和经济的发展，统治阶级对于人才的需求也发生了变化，因此，数学教育和会计教育也开始呈现出了分离之势。

根据文献记载，"算学博士"等一类的官方职位最早出现在中国的后魏时期，并一直延续至隋朝。到了唐朝，算学生的培养已经成了一种统治阶级确定的做法和制度，与其他官员的选拔方式相同，算学生的选拔同样以科举选拔为主，每次招收的人数在三十名左右。招收的学生，会学习多门科目，这些科目均经过考核并及格的学生，才允许毕业，同时会授予九品以下的官职。到了宋朝，算学生的招收制度基本延续了唐朝的做法，只是在"学格"上有了更为明确的规定。例如，北宋崇宁年间的"崇宁国子监学格"就规定了算学生不仅需要通过科举考试来进行选拔，并且在获取了学习资格后还会结合考核成绩的高低来决定官职的高低。至清初，才正式开始设置专门培养算学生的机构——"算学馆"。当时，经济发展较为迅速，管办企业的数量急速增多，对于算学人才的需求量也随之而增加，算学生在走出"算学馆"后，不再只有出任官职这一种出路，他们其中的一部分会被分配到管办企业中负责工程的计算并参与管理。也就是从这时开始，数学教育和会计教育开始逐渐分离。数千年来，数学、会计学融合为一的局面开始终结，标示着中国会计教育的重大进步。从会计教育方面讲，改变纯粹计算训练的教育方式，使会计教育朝着专业化方向发展，把计算教育与管理教育结合起来，是中国会计教育发展史上的一大转变。同时，

---

① 郭道扬. 中国会计教育事业的历史起点与初步演进 [J]. 财会月刊, 1997 (10): 3－6.

应当明确，在"重士农，轻工商"、重儒学而轻视计算技术与会计的封建时代，会计专业教育的独立，也是当时社会发展中的一次深刻的变革。①

（二）近代会计教育的发展历程

中国近代会计教育始于清朝末年，发展和成熟于民国时期，在这段时间内，会计教育由古代散乱、随意且生源限定在特定阶层内的形式逐渐开始转变，为现代具有系统性、规范性和普及性的专业会计教育体系的形成打下了坚实的基础。

1. 会计教育的萌芽期

科举制度在中国实行了长达 1300 年，其立儒学为正统。受此影响，在中国古代，商人被视为末流阶层，而以计算为学问的"会计"科，与"商"有着极为密切的关系，因此，也被人们所漠视。直至清朝末年，科举制度被停废。1903 年，清政府颁布了《奏定学堂章程》，兴起了新式学堂，参考了当时日本所采用的教学制度，进行分科教育，而商科就包含在了所划分的七科之中。同年，又颁行《钦定京师大学堂章程》，所划分的七个科目之中，商科位于第六位。② 而商科中的主要课程又包含了六目，在此之中位于首位的是"簿记学"。但是，当时并没有设置与会计（或簿记）相关的专业性课程。在《奏定学堂章程》中，大学商科仅设置银行及保险学、贸易及贩运学和关税学三门，亦无会计专科之开设。③ 据统计，1909 年以前，在全国官办商科高等学堂中，属于专门商科性质的学校仅有一所，商科专业的学生仅 24 人。可见，当时对经济建设人才的培养尚处于起步阶段。那时候，在师范教育中，仿效欧美传统做法，视"簿记"为运用算术之一种，将"簿记"教学的内容列入算学之中。④

1913 年 1 月，在北洋政府教育部公布的大学规程中，把大学分设文、理、法、商、医、农、工七科，商科之中又分设银行学、保险学、外国贸

---

① 郭道扬. 中国会计教育事业的历史起点与初步演进 [J]. 财会月刊，1997 (10)：3 - 6.
② 郭道扬. 中国会计教育事业的历史起点与初步演进 [J]. 财会月刊，1997 (10)：3 - 6.
③ 曾劲. 近代中国会计教育的发展历程 [J]. 江西社会科学，2007 (12)：105 - 107.
④ 曾劲. 近代中国会计教育的发展历程 [J]. 江西社会科学，2007 (12)：105 - 107.

易学、领事学、关税仓库学和交通学六门。六门之中，簿记与会计学课程的开设有了明显的增加。在师范教育中，亦将簿记教学内容列入教学之中。①

在清朝末期，虽然只有两所经济专科学堂，即银行学堂和江南高等商业学堂，但是它们却为当时的中国培养出了几十名精通西式簿记的会计专业人才。虽然他们的人数并不多，但是，他们却与那些从日本和美国回来的经济管理专业人才共同成了助推中国会计教育发展的中流砥柱，是中国最早的一批会计学教授。

从以上分析可以看出，在晚清和民国初期，随着社会形势和教育体制的变化，中国的会计教育开始萌芽，虽然当时的会计教育仍受到封建意识形态的限制，但在部分爱国学者的努力下，它最终还是走上了服务外交与实业的新路，也取得了一定的进展，这就为会计学教育的开启奠定了坚实的基础。

2. 会计教育的开启

民国之初，最早的专业会计教育为官办的短期培训，主要由官办簿记讲习所、审计讲习所等机构来开展。在介绍新兴的会计账目格式和应用方式的同时，培养出了一批当时迫切需要的专业会计人才。

辛亥革命以后，整个国家都处于改革的状态之中。那时，各地官署所用的簿记，还都是沿用旧式会计账册格式，很少有人会使用新式会计账册格式。而要使新式簿记得到更好的推行，就必须对相关人员进行专门的培训。之所以要推行新式簿记方式，是因为当时的旧式簿记有些太过简单，往往存在着各种疏忽之处，有些又太过繁复。这就导致了当时的会计账簿弊病丛生，为审查带来了很多困难。一些有见识的人认为，要进行账目检查，就需要重整簿记格式，使其上面的账目统一且一看即明，只有这样才能让审计具有实际性的效果。1912 年，审计处成立，审计处首先就拟定了一系列官用账簿的条例、格式和说明书，向政府提交并恳请准许实施提出，

① 郭道扬. 中国会计教育事业的历史起点与初步演进 [J]. 财会月刊，1997 (10)：3 – 6.

并首先在政府部门中进行使用，这是从旧式账簿向新式账簿的过渡。此后，署审计处总办王景芳呈请在审计处附设簿记讲习所，成了第一个举办会计教育的部门。该所设一名所长，由审计总办兼任，下设有管学员和教员数名，这些职位也由亦为署审计处工作人员兼任，并无额外薪金。学员主要为每个主管预算官署派出的学习人员。"每班学习期为两个月，庶即时可收得人之效；教学时间以夜间业余进行，庶公务得旷废之虞。学习科目以簿记为主课，会计法规及珠算为辅助课。各班学习期满，由所长会同教员严加考试，分等授予肄业证书，开单咨送各原衙门分别记名提升。"①

民国初年，西方近代审计学开始传入中国，为迅速培养造就大批会计审计人才，审计院开办审计讲习所，并制订了《审计讲习所章程》。章程规定：讲习所教授的课程有审计法规、会计法规、各国审计制度、现代审计制度、簿记学、统计学、财政学等；每星期一、三、五下午五时至七时为讲习时间；教员在审计院各厅厅长及审计官、协审官中选派分任，不另外支给津贴；讲习期以三个月为限，期满由所长、副所长（正、副所长由审计院院长、副院长兼）督同教员严加考试，以觇成绩。②

如上所述，在民国之初所举办的簿记讲习所和审计讲习所，是中国会计教育发展史上最早由官方所举办的专业会计教育，不仅使新式簿记得以推广，且培养出了最早的一批会计专业人才，为后期的会计教育发展奠定了基础。

3. 会计教育的发展

在民国之初的管办会计教育的基础上，中国的会计教育开始正式步入了专业化发展之路，专业的会计教育开始走入了高等学校之中。值得重点提出的是，在清末时期，西方文化的涌入对中国的一些先进群体产生了意识上的冲击，一些具有长远眼光的人士，产生了学习西方文化长处而后为我所用的想法，因此，有能力的人群纷纷选择送子女出国留学，去往美国、

---

① 曾劲. 近代中国会计教育的发展历程［J］. 江西社会科学，2007（12）：105 - 107.
② 曾劲. 近代中国会计教育的发展历程［J］. 江西社会科学，2007（12）：105 - 107.

英国、法国、德国、日本等国家学习他们的先进知识和理念，其中就包含了商科和会计知识。这些留学生返回中国后，对当时的经济发展和教育的发展都起到了积极的推动作用，他们中的一部分人也成了中国会计教育事业的骨干力量，不仅对于当时的中国会计审计教育，甚至从中国整个的会计教育发展史上来看，都起到了极其重要的作用。

在民国时期，高等学校共包含了国立大学、私立大学和外国教会创办大学等三种类型，从数量上来看，教会大学的数量最多，但是，对于中国会计教育发展具有主导作用的，则是国立和私立大学。

北京政府成立以后，在大学里开设经济类相关专业时设有簿记学或会计学课程。1913 年元月，北京政府教育部对国办大学系科进行明确规定：强调大学分设文、理、法、商、医、农、工七科，其中商科又分设银行学、保险学、外国贸易学、领事学、关税仓库学和交通学六门。虽然，这些科系中没有单独的会计审计学，但在六门学科之中有关簿记学、会计学的专业课程明显增加。① 1921 年，复旦大学商学院开设会计系，成为系统培养会计人员的公办学校教育的开端，复旦大学也就成为我国最早设置会计学专业的公办大学，从而推动了会计学科在国民教育中的发展。1924 年 2 月 23 日，北洋政府教育部公布了相关文件，规定国立大学以"教授高等学术，养成硕学闳才，应国家需要"为宗旨，国立大学分文、理、法、医、农、工、商科等，各科分设各学系。1939 年，在国民政府教育部公布的《大学及独立学院学系名称》中，对会计系科的设置又有进一步的规定，其中第六条讲："商学院设银行、会计、统计、国际贸易、工商管理、商学及其他各系。"自此，会计系科设置走向正规化。② 发展至 1948 年，当时高等学校之中设有专业会计系的共有 20 余所学校。而在这些院校中会计系科的设置，大体是仿照欧美国家的做法，是以商学院作为培养会计专门人才的基地。③除了单独设置专业会计系的大学之外，还有一些院校在其他系内开设了会

---

① 曾劲. 近代中国会计教育的发展历程 [J]. 江西社会科学，2007（12）：105 – 107.

② 曾劲. 近代中国会计教育的发展历程 [J]. 江西社会科学，2007（12）：105 – 107.

③ 郭道扬. 中国会计教育事业的历史起点与初步演进 [J]. 财会月刊，1997（10）：3 – 6.

计课程，如清华大学、北京大学及武汉大学等在经济系内的课程中加入了会计课程；辅仁大学、云南大学、中法大学等，在文学院、文法学院或文理学院中设置经济系、商学系、商学经济系、工商管理系，并在这些系内开设会计课程；上海交通大学、西北工学院及北平铁道管理学院等，在理工科院校中设置管理学院，而在管理学院中分设财务管理系、工业管理系、实业管理系，并在这些系科中开设会计课程。①

以上举例中我们可以看出，在民国时期，从开设了会计专业或会计课程的院校分布情况来看，上海是院校数量最多的一个地区，这也使得会计专业的教授、学者、专家多聚集在此。因此，从这种实情上来说，上海可以称之为当时中国会计教育事业发展的中心。

（三）改革开放后会计教育的发展历程

1. 第一阶段（1978—1991 年）

从民国时期以后，中国会计教育进入了较为平稳的发展时期，但是，在新中国成立初期，因为历史因素，使得会计教育遭受到了严重的打击，各大学也不再设置会计专业或会计课程，相关的学术研究也几乎停滞。直至改革开放政策开始实施，中国的会计教育的发展才出现了转折，会计专业又重新回到高等教育体系中。

1978 年，厦门大学、上海财经学院（现上海财经大学）和湖北财经学院（现中南财经政法大学）等高校开始招收会计专业的研究生；1981 年，国家实行学位授予制度，并批准厦门大学、上海财经学院设立大数据与会计专业博士点，葛家澍、娄尔行两位教授被国务院学位办批准为博士研究生导师；1985 年，我国第一位会计学博士研究生林志军毕业；1986 年，中华会计函授学校在太原成立，专门从事在职会计人员的培训和教育。至此，中国的会计教育的教育体系完整成型，不仅包括了学历教育，还包括了在职教育。其中的学历教育，则涵盖了中专、专科，本科、硕士和博士在内

---

① 曾劲. 近代中国会计教育的发展历程 ［J］. 江西社会科学, 2007 (12)：105 – 107.

的所有层次。①

随着中国经济发展速度的不断加快，各行各业对于会计人才的需求量也在不断地增加，而当时会计高端人才也较为缺乏，因此，在 1993 年，中国正式启动了会计学博士后高端人才培养工作。这也正式标志着，中国的会计教育体系变得更加完备，会计教育也步入了一个全新的发展时期。此时，中国的会计教育以"培养德、智、体全面发展的，适应四个现代化需要的社会主义财务会计及教育科研的专门人才"为人才培养目标。②

此时各院校的会计教育在专业的设置方面以按部门行业设置为主，大多数财经类院校都开设"工业会计"和"商业会计"两个专业。而后，随着乡镇企业和信息技术的快速发展，个别院校又增设了"乡镇企业会计"专业和"会计电算化"专业。在课程体系方面，一般以"会计学原理或基础""工业会计或商业会计""企业财务管理""工业或商业企业经济活动分析"等所谓的"老四门"为核心课程，个别院校还包括"审计学"，连同"老四门"俗称"老五门"，设置"统计学原理""社会主义财政学""货币银行学"和"现代企业管理理论与方法"等辅助课程。后来，多数院校还增加了"西方会计""管理会计"和"会计电算化"等课程。在实践实训方面，注重课程见习，如在学习"工业会计"课程期间，组织学生到厂矿企业熟悉产品流程、成本结算和账务处理程序；在恰当时期安排两个月左右的时间进驻厂矿企业进行实习，在实务工作者的指导下亲自动手记账、算账和报账。③

总体来看，在这个发展阶段中，与民国时期相比，中国的会计教育发展迅速，也取得了前所未有的成绩。然而，也存在着一些问题，具体表现为缺乏结合中国实际情况所做出的创新，在会计教育的教育理念和教育模式等诸多方面，主要参照的是 20 世纪 50 年代苏联的相关设计。

---

① 王爱国. 改革开放 30 年我国会计教育的回顾和展望 [J]. 财务与会计, 2009（03）：17 – 19.
② 王爱国. 改革开放 30 年我国会计教育的回顾和展望 [J]. 财务与会计, 2009（03）：17 – 19.
③ 王爱国. 改革开放 30 年我国会计教育的回顾和展望 [J]. 财务与会计, 2009（03）：17 – 19.

2. 第二阶段（1992—1999 年）

1992 年，党的十四大召开，其不仅为我国经济体制改革定下了战略目标，也为接下来会计教育的发展指明了方向。这也是中国会计教育一个具有重要历史意义的发展阶段。

1992 年 6 月 25 日，《人民日报》刊登了财政部与体改委联合发布的《股份制试点企业会计制度》，要求从当年的 3 月 5 日起执行；1992 年 11 月 30 日，财政部发布了《企业会计准则》和《企业财务通则》（简称"两则"），这标志着我国会计和会计教育由计划经济会计体系向市场经济会计体系的转变迈出了关键性的一步。从此，中国会计与会计教育发生了许多关键性的转变，会计教育可谓是迎来了大讨论、大发展、大繁荣的脱胎换骨式的革命性变化。①

在培养目标上，此时的会计教育已经开始重视人才的适应性，即会计教育所培养的人才需能够与市场经济发展的新要求相适应，要从传统的会计操作向现代的会计管理转变；理论性，指的是会计教育培养的人才，需要具有较高的管理学、经济学、法学等方面的理论知识，知识的掌握应全面，并不能仅限于会计专业知识；国际化，指的是会计专业培养的人才，要不断地适应开放与国际合作的新趋势，具有能够与国际形势接轨的经济发展知识。1998 年，教育部对会计专业的培养目标作出了明确的规定，即"培养具备管理、经济、法律和会计学等方面的知识和能力，能在企事业单位及政府部门从事会计实务以及教学、科研方面工作的工商管理学科高级专门人才"。

在专业设置上，此阶段的中国会计教育有了国际化、专业化的趋势，大部分财经类大学取消了"工业会计""商业会计"，改为"国际会计""涉外会计""注册会计师""会计电算化"专业，或者在会计学专业下分设"国际会计""涉外会计""注册会计师"和"会计电算化"方向。

---

① 王爱国. 改革开放 30 年我国会计教育的回顾和展望 [J]. 财务与会计，2009（03）：17 - 19.

在课程体系上，将"产品成本核算"这部分从工业企业会计中剥离，开设"成本会计"这一课程，并对"会计电算化"进行了规范，更名为"会计信息系统设计与分析"，同时取消了"工业或商业企业经济活动分析"课程。考虑到我国会计标准基本与国际标准接轨，大多数院校取消了"西方会计"这门课程。后来，有的院校借鉴西方国家主要是美国的做法，将"会计学"的有关内容分为"初级会计学""中级会计学"和"高级会计学"等三门课程，初级主要讲授会计学的基本理论、基本知识和基本技能，中级主要讲授工业企业的一般核算流程和会计业务，高级则主要讲授那些特殊的、复杂的、不同于一般的会计业务。至此，会计专业的核心课程调整为"初级会计学或会计学原理""中级财务会计""高级财务会计""财务管理""成本与管理会计""审计学"和"会计信息系统设计与分析"等七门，俗称为"新七门"。

在实践相关的课程上，从原来的到工厂和矿山的实习，逐渐向以校内实习为主，校外实习为辅的模式转变。以天津财经学院（现为天津财经大学）为代表的一大批高校相继开设了会计实验室（包括手工模拟和电算化两部分），学生可以根据教学内容，随时观察、动手操作，这在某种程度上解决了当时会计专业"实习难"的难题。

在这一发展阶段里，我国的会计教育逐渐脱离了计划经济时代的模式，并开始向美国等成熟的市场经济国家学习和借鉴他们的会计教育模式，并且，能够在借鉴的同时结合中国的实际情况进行改良和创新。

3. 第三阶段（2000—2010 年）

在改革开放不断推进的过程中，教育界对于会计教育，特别是对会计教学的目的与内容，也逐渐有了较为明确的认识。根据"科学化、标准化、扩大化"的方针，教育部于 1998 年将原有的会计专业和审计专业合并为"会计学"专业，并将其纳入到了"工商管理"学科范畴内。自此，中国的会计教育就开始在通识教育或思想的引导下进行专业教育。

"通识教育"，又称一般教育，是指以全面发展为目标对人才进行培养的一种教育，这里的全面发展指的是受教育者既要了解所需要掌握的知识，又必须具备健全的身体素质、完美的人格和扎实的专业基础、合理的知识结构以及较强的专业素质。这是一种与"专才教育"相对应的概念，所谓的"专才教育"，就是以培养某一个领域的专门型人才为目标的教育方式，其更重视对某一个专业领域内专业知识和专业技能的理解和掌握。

以往的会计教育采用的是文理分割的教育模式，专业覆盖面较为狭窄，不能够适应快速发展的社会经济需求，无法满足当时社会对会计专业人才的需求，所以会计教育开始融合通识理念，会计本科教育呈现出多向度、复合化、去专业化的发展趋势。在培养人才过程中，既注重技能、技术，又注重人文、社科知识，注重多学科的融合和能力的塑造。至于人才培养的目的，大部分财经院校都赞同"宽口径、厚基础、强能力"的说法，重视学生素质（特别是人文科学）与能力（特别是职业能力）的训练。在课程体系中，增加人文、科学和艺术类科目，加大经济学、管理学、社会学和法学等领域的原理性内容。特别要指出的是，在 2006 年，在财政部公布了由基本准则和 38 个具体准则组成的新的会计准则体系之后，会计课程体系应尽快进行调整。原因在于：这一规则体系的更新，是一种重大的制度变迁，它反映出中国对会计信息品质的重新思考，对会计国际化趋势的认可，以及对以资本市场为代表的金融体制的迅速变化以及知识经济崛起的考虑。它包含着会计发展的丰富内涵以及对其产生的时代冲击，反映出了会计学科的内容体系越来越复杂，理论性越来越强，这也使中国会计教育在较长时间内所形成的认知习惯和操作模式发生了变化。①

4. 第四阶段（2011 年至今）

随着会计教育的不断发展，高等院校会计专业的名称也在不断地发生着改变。具体变化为：会计电算化专业—会计专业—大数据与会计专业。

会计电算化专业是随着计算机的发展而逐渐产生的，是计算机技术飞速发展的背景下，会计专业的一次革新表现。自 2016 年起，结合社会和经

---

① 王爱国. 改革开放 30 年我国会计教育的回顾和展望 [J]. 财务与会计，2009（03）：17 – 19.

济发展的需要，会计电算化专业更名为会计专业。其后，在 2021 年 3 月，教育部印发了《职业教育专业目录（2021 年）》，高职专业目录相比 2015 年，调整了 439 个，调整幅度为 56.4%，会计专业向大数据转型，更名为大数据与会计专业。此次传统会计专业的更名全面体现了职业教育数字化改造理念及内涵要求，能够根据产业需求更好地落实教育供给侧结构性改革新政策。

三、我国高等职业院校大数据与会计专业教育的发展趋势

在新时代的背景下，我国的职业院校之所以能够兴旺发达，一方面是因为国家的日益富裕，另一方面也是因为经济社会的日益繁荣。高等职业院校区别于其他高等教育的一个显著特点就是其所培养的是应用型的人才，直接对接用人单位和企业的需求，而随着社会对应用型人才需求的不断增加，高等职业院校毕业生的质量也越来越被人们所关注。高职院校开展的会计教育是我国会计人才培养的中流砥柱，高职院校创新型会计人才培养更是对当前我国会计人才输出起着决定作用。[①] 随着社会经济和科技的不断发展，会计专业的知识产出和学科体系不断地完善，会计专业的影响必然也将不断扩大。"会计 +"的知识生产模式，将会使会计的专业范围更广，功能更细。同时，随着经济全球化和网络化的发展，会计的管理功能也会从其衍生出来，这是由于会计在一定程度上可以改善公司的治理效率，推动经济的发展，而大数据的时代背景则需要财务人员具备数据可视化、数据挖掘和信息展示的能力，以及信息需求计划等相关能力。随着时间的推移，会计工作的职能也将随着时代需求的转变而转型。所以，要想使会计工作者更好地了解与之相匹配的各学科的最新动态，就必须不断地学习。同时，会计教育的教学方法也受到了极大的挑战，跨学科课堂、研讨会和阅读会将会是今后课堂教学的重要组成部分。

---

① 方守湖. 高职院校创新创业教育的定位及实施选择 [J]. 黑龙江高教研究，2010（07）：90－92.

目前，我国高等职业院校的教学改革已步入整体提高、内涵建设的新阶段。高等职业院校的创新发展和改革也在持续深化，大数据与会计专业的人才培养模式中存在的问题也在逐步暴露。目前，高职院校的大数据与会计专业存在着多关注谋生、少关注会计生涯以及缺乏创新等问题。① 健全高职教育制度，加强校企合作，加强实践教学，是高职教育的重要任务，也是今后高职教育工作的重要内容。要实现这些目标，高职大数据与会计专业的人才培养模式的优化方向则主要趋向于市场化、国际化、德育化和价值化。

第一，市场化趋势。市场化趋势指的是高职大数据与会计专业的教育将与市场不断改变、发展的需求相匹配，所以，在很大程度上，大数据与会计市场化将会促进其教育改革和发展的步伐。当前，我国会计制度与企业需求已出现了较为严重的脱节现象，这将会制约会计信息以及财务监督的发展。作为输出会计应用型人才的高职院校大数据与会计专业，需要针对这种情况进行相应的教学改革，以适应社会主义市场经济发展的需要。对我国现行的会计制度进行变革，则必须建立在对目前的市场情况进行细致分析的基础上，而后制定一种能够适应市场经济发展的方向，符合各行业发展需求的会计制度体系，以便更好地应对新业务。在此种市场形势和发展需求的背景下，高职大数据与会计专业为了使培养的人才能够适应变幻莫测的市场的需求，必然会构建出一个能够满足各个产业发展需求的会计标准体系，并最终与高职大数据与会计教育的市场化发展相一致。

第二，国际化趋势。当今世界，随着经济全球化进程的加快，国家间的联系也越来越紧密，包括但不限于信息、技术、货物、教育等领域。高职院校为了能够追赶甚至超越国际会计界的发展步伐，必须要在借鉴国际会计教育先进经验的同时，结合自身实情进行全面的改革，以求达到与国际接轨的目的。在此大环境下，高职院校大数据与会计专业需组织教师走出国门，走向世界，开阔自身眼界，吸收前沿的会计及会计教育知识，树

---

① 张杰. F 职院创新型会计人才培养模式研究［D］. 福州：福建师范大学，2018.

立起国际意识，认识到世界的现状，才能够培育出高素质高技能的会计人才，提升我们的会计人员的整体竞争力。但是，当前我国的大数据与会计专业培养的人才与国际化水平之间还存在很大差距，其教学改革事业任重而道远。要实现与国际化水平接轨甚至是领先国际化水平这一目标，就必须不断地加快会计教育改革的水平，使其与国际化水平靠拢，以不断地提升我国高职大数据与会计专业的总体教育素质。只有这样，才能真正完成中国高职大数据与会计专业教育的国际化发展。同时，在此过程中，必须在充分利用好国内的教育资源的基础上，学习外国的先进做法，融合中国和西方的文化优势，开创新观念、新知识，推进经济全球化进程。

第三，德育化趋势。会计是直接与金钱发生接触的一个职业，如果不能够很好地控制住金钱所产生的诱惑力，就很容易触犯法律。近几年，借助于职务之便产生犯罪行为的会计人员的数量也在不断增加，公司的财务信息失真、费用账目作假、舞弊等问题层出不穷，其中一个重要的因素就是会计人员的职业道德的缺乏。然而，在这些问题不断出现的同时，在我国高等职业院校的大数据与会计专业中，关于大学生职业伦理教育课程体系的建设方面仍然比较薄弱。要防止会计工作人员借助于职务之便进行经济犯罪，就必须加强对大数据与会计专业学生的职业道德教育，以此提升学生的职业道德素质水平，当学生具备一定的职业操守后，就能够大大降低会计岗位人员的经济犯罪概率，对建立会计职业在社会上的公信力能够起到积极的作用。

第四，价值化趋势。基于已有的教学模式，大数据与会计专业的课程将更注重对学生价值观念的培育和引导。现代的会计相对于过去的实体经济会计而言，更具有信息化的特点，二者之间的差异在会计的功能中表现得更为突出。传统实体经济会计，即使在工作过程中发生了舞弊的现象，其波及面也比较窄，所牵扯到的受害者也比较少。但是，信息化会计能够利用互联网，在网上进行虚假的会计信息的发布和传输，它很容易给企业带来重大的经济损失，而且还会涉及大量的相关人员，这种事件在国内外都有出现，且难以防范。诸如此类的案例无不折射出我国部分会计工作者的道德标准的缺失。企业会计人员的人生观、社会观的错误取向，使其忽略了最基本的职业道德和精神价值，只是为了追求一己私利，而抛弃了做人的原则。一位称职的会计师，必然会时刻铭记将企业的经济效益、社会效益、环境保护以及人民利益等因素放在自身利益之前进行考虑，并用自己的专长为公司和社会作出贡献，最终达到公司效益和自身价值的最大化。若社会大众均普遍认识到了会计价值化的优点，那么，大数据与会计专业也必然会向着价值化趋势的方向而加速迈开脚步。

第二节 我国高职大数据与会计专业教育相关理论

一、我国高职大数据与会计专业教育相关概念

（一）职业教育的概念

职业教育是一种为实现职业发展而进行的职业知识、技能和职业道德的教育。比如，对工人进行岗前培训，对下岗工人进行再就业培训等职业培训，以及职业高中、中专、技术院校等以传授职业技能为主的学校教育，均为职业教育。职业教育的目标是要培养应用型人才，以及拥有一定文化水平与专业知识技能的劳动者，与一般的学历教育和成人教育相比，它更注重对实践技能和实际工作能力的培养。

（二）高等职业教育的概念

高等职业教育在《中国教育百科全书》中的解释是：培养高级实践应用型人才的教育，属于高等教育范畴；职业技术教育的高等层次。从以上内容中我们可知，从从属性质上来看，高等职业教育属于高等教育范畴，"高等教育"的性质，指的是其教育与普通高中学历教育相同，或者是以普通高中学历教育为基础而进行的更高层次的学历教育；从办学性质上看，其属于高水平的职业教育，"职业教育"性质，则是指其定位于特定的行业（群体），其目的在于培养具有技术应用能力的技术类、技能类人才。高等

职业教育在许多方面都具有非常重要的地位，它对一个民族的未来发展具有非常重大的意义，它是一种高等教育，但是又与其他高等教育具有差异性。因此在此基础上，它既具有职业性，也具有高等教育属性，是一种旨在为社会输送足够人才的导向性教育。

高等职业教育的育人目的是为社会输送具有综合素质的应用技能型人才，因此，高职毕业生不仅应具有扎实的理论基础，还应具有较强的职业实践技能和较高的职业素质，并且，还需要具有创新能力和运用自身知识和技能解决问题的能力。

结合以上分析，笔者认为，高等职业教育是普通高等教育和高职教育相结合的一种教育形式，虽然也是一种高等教育，但是与同为高等教育的本科教育相比，最大的不同之处表现在人才培养目标上：高等职业院校人才培养直接对接企业，注重培养学生的职业能力；而本科院校则注重培育人才的科研能力。另外，能够进行职业教育的机构比较多，本书中研究的高等职业教育其开展对象为学历教育机构，即为学生在毕业后能够获得专科学历的高等职业技术院校和高等专科学校，如对职工开展培训教育等其他类型的职业教育机构不包含在内。

（三）大数据与会计专业教育的概念

会计专业是大数据与会计专业的前身，而随着信息时代的到来，计算机、大数据、云计算、物联网等技术的飞速发展让传统会计的工具发生了改变，也对会计行业产生了一定的影响。基于此，会计专业融入了大数据技术，更名为大数据与会计专业，而在专业更名后，也具有了新的时代内涵。所以，在明确大数据与会计专业的概念前，我们需要先明确会计专业的概念。

会计专业是一门研究企业在一定的营业周期内如何确认收入和资产的学科。如鉴证、审计、税收、公司会计、管理会计、财务管理、破产清算、法务会计、预算制定、商业咨询等，都是会计专业涵盖的领域。其教育目标是培养德、智、体、美全面发展，具有良好职业道德和人文素养，熟悉会计基本理论与相关财经法规，熟练掌握会计基本技能，具备会计核算、会计监督、出纳业务、会计管理、税务管理、财务管理和审计鉴定能力，从事单位出纳、会计核算、会计监督、查账验证、会计咨询等工作的高素质技术技能人才。[①]

大数据与会计专业是会计专业在大数据、人工智能、云共享服务等现代技术的支持下升级而来的专业。大数据与会计专业是为了适应当今人工智能与大数据时代会计业务和会计信息日益呈现海量数据处理、实时云计算化、会计智能决策等新型会计业务特征，培养具备会计财务专业理论知识、大数据分析处理技术、计算机人工智能与信息技术专业知识和技术技能的新型高端复合型会计人才。作为大数据与会计专业的从业人员需要具备会计财务专业理论知识、大数据分析处理技术、计算机人工智能与 IT 信息技术等专业性技能。

大数据与会计专业教育是与会计知识普通教育不同的另一类教育。大数据与会计专业的教育属于一种在学生就业前开展的以提升学生职业技能为目的的职业性教育，目的是培养出具有较高的政治素质、良好的职业道德和较强的理论知识，且具有较强的业务素质和较强的开拓和创新精神的会计专业人才。

（四）综合育人的概念及内涵

1. 综合育人的概念

对于综合育人的概念，学术界还没有明确且统一的论述结果，基于此，笔者认为可以从其词语构成的角度入手，通过分别确定"综合"和"育人"的词义，来综合性地分析"综合育人"的概念。其一，"综合"一词的词义为：把分析过的对象或现象的各个部分、各属性整合成一个统一的整体。结合此处的语境来看，笔者认为这里的综合并非简单进行联合的过程，而是需要把握好对象或现象的本质，并以完整性或一体化作为联合的准则。其二，"育人"一词，结合这里的语境来看，指的就是对学生所做的教育和培养。当然，这是简单地从词语表面的意思来看，而如果要继续深挖其内

---

① 贺婧，边帅. 高职院校会计专业审计课程改革探讨［J］. 齐鲁珠坛，2019（06）：47 – 48.

涵，则首先需要回答一个问题：育什么人？而这一问题的答案，则需要结合不同时代的背景和社会发展情况进行具体的分析，从这一角度来看，我们认为"育人"是具有时代性的。当前的新时代背景下，就是要坚持并落实立德树人的根本任务，对各个阶段的学生进行德智体美劳多方面的教育，引导并助力各个阶段的学生获得多方面整体的成长，成为能为社会主义事业做贡献的"完人"。[①]

除了以上分析外，当前学术界也有一些与"综合育人"相关的论述，如张琰等人从劳动教育与其他四育的关系出发，揭示在教育场域中劳动教育所具有的树德、增智、强体、育美的综合价值意蕴[②]，郭元祥等人从综合实践活动的本质出发，揭示了综合实践活动的育人功能，帮助学生进入世界和认识世界，包括促进学生认知、情感、价值观、文化等多种社会性素养的发展[③]。

综上，笔者认为，综合育人是一种面对受教育对象而开展的与传统教育活动不同的教育过程，这种不同主要体现在：在实施教育的过程中注重的是学生全方位的综合性发展，这种全方位不仅包含了学生的学习能力，还包含了学生的动手实践能力以及思想观念方面的成长状态。通过教育活动的实施，能够让学生的各方面素质得以整合，形成个性化和整体化发展。

2. 综合育人的内涵

"综合育人"产生的根源是为了让教育适应不断变化的社会背景。教育的目的是培养综合素质较强的人才，让他们能够为社会的发展贡献自己的力量，助力经济发展，推动社会进步。当社会进入了一个新的发展时期后，为了让培养出来的人才能够适应社会的发展需求，就需要教育领域作出相应的改革。当前我们国家就处在一个社会和经济发展的新时代中，对人才

---

① 卿林芝. 学科的综合育人性及其实践研究［D］. 成都：四川师范大学，2022.

② 张琰，杨玲玲. 彰显劳动教育综合育人价值［J］. 中国高等教育，2020（09）：8 - 9.

③ 郭元祥，舒丹. 论综合实践活动的育人功能及其条件［J］. 教育发展研究，2019，38（10）：25 - 29.

的需要更注重综合性能力，为了适应这种时代背景，教育领域就需要进行"综合育人"的改革。

在经济领域中，国家新兴的产业结构对学生提出了更高的需求，他们需要从生产和管理中的某一种固定工序中挣脱出来，勇于追求变革，将来成为一名具有批判精神、创新意识和实践性能力的生产者和管理者。从2013年开始，我国的产业结构发生了一些新的改变，在我国的 GDP 中第三产业所占的比例越来越高，并且第一次超越了第二产业所占的比例。随着经济发展速度的加快，其比例还在不断地增加。与此相应的是，社会各行各业对于只掌握了劳动技能从事机械性劳动的人力资源的需求量急速下降，迫切需求的则是同时掌握理论性知识和实践操作技能，且具有创造力的应用型人才。而在信息技术和电子科技不断发展的情况下，那些简单的、重复的劳动也呈现出会被人工智能所取代的趋势。只有具备了开放性、创造性和综合性特征的人，才能在这个信息时代拥有更加宽广的生存空间。社会对于人力资源需求的转变在教育领域中，就是需要转变育人思路，从仅培育学生的单项能力向培育学生的全面能力转变，而为了与社会的发展背景相适应，在这些能力中，较为重要的是他们的判断能力、实践能力和创新能力。

在全球化和国际化的大背景下，地球变成了地球村，一百多种不同的文化在一块大地上相互融合，其他国家的文化通过网络信息、娱乐载体等不断向我国输入，使得我们当下正处在一个多元文化相互融合的大环境中。在这一背景下，怎样才能更好地在传承和发展自己的优良传统文化的同时引入和学习外国的优秀文化是各行各业都需要考虑的问题。而这一问题反映在教育与教学领域中，这就需要我们用综合育人的方式对教育进行改革，培养学生的综合能力，让学生有能够正确地应对不同文化碰撞的能力。通过判断能力和创新能力的养成，在接受文化和信息的同时，他们能够清晰地对外来文化中哪些部分是有利的哪些部分是有弊的作出判断，而后吸收多元文化中优良的部分，化为己用，与我国的优秀传统文化相融合。在传承文化的同时，充分发挥自己的创新能力，使优秀的传统文化能够适应时代特征，在保留核心内容的同时一直具有鲜活的生命力，进而为传承中华优秀传统文化贡献自己的一份力量。

总而言之，在新型产业结构和多种文化融合的社会背景下，人们的整体素质面临着空前的考验，单一静止的知识、技术或能力已经无法适应现实社会的复杂需求。只有具备了开放性、创造性和综合性特征的人，才能在这个信息时代拥有更加宽广的生存空间。简单说来就是一个高质量发展的社会，对教育界的教育目标有了更高水平的要求。

综合育人的本质是一个整合的过程。从教学过程上来说，以课堂教学的三个基本要素为着眼点进行分析，就是要在学习内容、学习方法和学生对象这三个层面上进行整合，进而生成新事物。从学习内容上来说，所谓整合生成，就是把原来划分出来的某个课程与其他课程联系起来，把原来划分出的独立的课程与其他课程联系在一起，把原来分出的课程与其他相关课程有机联系起来，最后进行整合，形成一套"新内容"。从学习方法上来说，所谓的整合生成指的是让学生超越简单的知识记忆或者是机械的行为动作，将原本被分析分解为一个个单点性的问题，重新联结并整合为一个真实的复杂情景，使学生能够自主地发现问题，精确地评价信息，分析问题，并创造性地利用多种信息与能力来解决问题。从学生对象上来说，整合生成指的是通过前面两个层面的更具整合性的内容和学习，推动学生更具整合性的建构和发展，也就是把原来在理论上划分为德、智、体、美、劳等方面独立的发展，都重新连接和整合起来，成为一个人的整体性发展因素。

3. 综合育人与分离育人的根本区别

综合育人与分离育人都属于育人的一种方式，只是在育人样态上存在着差异。综合育人更强调整合性，而分离育人则注重的是单独某一方面的发展。具体来说，两者的区别主要表现在教学目的、目标、内容、过程、结果以及场域等方面，如表1-1所示。

表1-1　综合育人与分离育人的根本区别

分析维度	分离育人的教学	综合育人的教学
教学目的	知识传授 单面发展	生命成长 多面整体发展
教学目标	知识获取—知识记忆	分解建构—意义生成
教学内容	单点 表层	整体 内核
教学过程	基于讲授的学术性认识 低阶思维	基于问题解决的实践 高阶思维
教学结果	双基	核心素养
教学场域	课堂	以课堂为中心的全域性联结

从以上分析我们能够看出，从教学目的上来看，分离育人注重的是知识的传授，通过这种传授让学生能够在单科的理论性知识能力上获得进步和发展，综合育人注重的则是学生的生命成长，通过教学活动的开展，让学生能够在理论知识、实践能力、创新能力、解决问题的能力等方面实现整体性发展。从教学目标上来看，分离育人以学生能够获取与大数据与会计专业有关的知识，并对其产生记忆为最终目标，而综合育人以锻炼学生的分解建构能力为主，学习的不仅是知识，还是一种能力，即让学生能够掌握怎样利用自己所掌握的知识，对专业知识进行分解并通过自己的整合重新建构，最终推动自身知识意义与生命意义生成的一种能力。从教学内容上来看，分离育人仅传授学科内的知识，传授的方法也是单点式为主，只触及了知识的表面，处在一个很浅的层次上。而综合育人对于知识的传授更注重整体性和结构性，以深挖知识的内核为原则，简单地理解，也就是其往往会打破知识和知识、学科和学科之间的界限，通过教学活动的展开，让学生能够找到不同知识和不同学科之间的联系，从而构成了一个更加完整的知识结构。从教学过程来看，分离育人的方式往往是以讲授方法为主传授学术知识，学生的思维处于低活跃状态中，而综合育人往往运用的是沉浸式的多情景教学，在整个教学活动的开展过程中，学生能够完全

沉浸在教师所设定的情境中，对问题进行分析并解决问题，学生的思想处于高活跃状态中。从教学结果来看，分离育人的教学只会促进学生对基础知识和基础技能的掌握，而综合育人则能够帮助学生构建并拥有学科所需要的核心素养。从教育场域来看，分离育人的教学局限在课堂范围内，而综合育人则将课堂作为联结的核心，突破固有界限，将外部的社区、社会等有效地联结起来。

4. 综合育人的根本途径

社会性是人最核心也是最本质的特征，人与人之间的实践性活动组成了复杂的社会关系，而人与客观世界的联系也是依靠实践活动来建立的，人通过自身的实践活动改变客观世界，这种改变又会反过来作用在人的身上，从这一点来看，可以说实践就是人类的本质性活动，也是生存的基本方式。将这一理念引申到大数据与会计专业的综合育人上，可以理解为实践就是综合育人的根本途径。学生的学习是通过实践来实现的，只有在实践参与的过程中，学生才能够与环境、与自己、与他人之间建立起关系，通过这种关系形成社会性关系，并完成自身的个性化发展。

更具体地来说，实践作为综合育人的根本途径主要体现在以下几个方面：第一，学生可以在实践的过程中，对自身所掌握的知识和自身的行动完成整合。在传统的认识视角下，人的身心是处于分离形态下的，具体理解为人的大脑负责进行学习，而人的身体仅仅是容纳大脑的一个容器，只有大脑才能进行认识和思考，由此学生们仅仅是机械学习和浅层学习。而在综合育人的过程中，学生的学习活动通过实践参与来实现，这就能够突破传统认识的缺陷，将知识和行动进行有效的整合，学生在实践中实现了身体和精神的统一。第二，学生通过实践能够将一门课程的知识系统、内在逻辑和文化精神有机地结合起来，使他们参与实践的过程中，再也不用像过去那样被动地接受枯燥知识的灌输，而是能够把自己的全部身心，浸润到灵动性的知识情境里去。在这种情境里，自然包含着完整的知识结构，在这种沉浸式地学习知识和解决问题的过程中，学生不仅能够构建大数据与会计专业的知识体系，还能够逐步地对其思路和方法进行探究，最终发展出大数据与会计专业特有的思维方式。内化了独特的学科道德、审美、文化与精神，在整个实践活动中，学生的知情意行以及德智体美劳等多方面都能够获得发展。第三，实践活动能够将大数据与会计专业和学生的日常生活联系起来，将学习真正地融入生活，让学习能够与学生的现实生活密切结合，使学习主体与客观世界实现沟通。而学生的生活属于客观世界，其具有丰富多彩的特征。任何一件事情无论是大是小，都包含着认知领域、审美领域、道德领域等多个方面的知识，也就是说，实践活动是以学生与客观世界的关系为基础，将多个方面的知识进行有机地整合，它能够为学生全方位发展提供内容和空间。第四，实践是一种主动的、有意识的行为，它能够为学生提供一个独立自主的空间，为学生提供个性发展的机会。大数据与会计专业的课程教学具有目的性、自主性和创新性等特点，是一种具有主动性的教学活动。大数据与会计专业的实践，能够为学生提供一个独立自主的空间，在此之中，他们不再是被动地、顺从地学习，而是发挥主观能动性地进行学习，在实践性的学习过程中，学生们能够充分地运用自己的主体意识，从而对大数据与会计专业的知识做出选择、接受和创造变化。所以说，通过实践，能够让学生在学习的过程中充分彰显自己的个性，实现个性化发展。

二、我国高职大数据与会计专业教育相关理论

（一）创新教育理论

世界范围内对创新理论的研究始于 20 世纪初期，且初始就将其提升至与工业经济发展、社会科技进步等并驾齐驱的高度，认为其是能够满足社会和经济发展的一种存在。发展至今，创新理论已经超越了经济范畴，拓展到国家层面，被看作是国家发展的精神动力，自主创新在国家的最高层次规划中具有十分重要的地位，其辐射到了各个发展领域中。在教育领域中，传统的教育观念较为根深蒂固，创新理念的渗透速度缓慢，而教育领

域是人才的主要孵化地，此领域中创新理念的缺乏严重制约了我国整体的创新发展，也制约着整个国家创新能力的提高。基于此，最近几年我国一直在提倡创新发展，把"大众创业、万众创新"作为了一项国家的发展策略，在教育领域中大刀阔斧地实施改革，使创新理念能够在教育领域中不断深入，减弱传统教育理念的影响，以培养出大量的创新型人才，带动国家创新发展水平的提升。同时，创新理念也在指引着教育创新的进行，它引导着教育活动向创新靠拢，从而让教育创新推动了创新教育的发展。

"教育创新"是在社会对创新教育的强烈要求下产生的，它强调教育者利用先进的教育手段，对教育资源进行最优组合，能够将人类学、心理学等相关领域的基本理论和知识进行有效的结合。首先，要树立学生的创新意识，同时，要通过校内外资源的整合，为学生营造一种创新性的学习环境。其次，培养学生的创新性思维，学校的教师们通过不断地改进课程实现课程创新，并在平时的教学过程中，通过多种途径培养学生的创新性思维。最后，教师和学生们一起进行创新性的实践活动，并在实践中获得充分的创新体验。在新时代背景下，教育创新同样是一个国家发展的根本，它不是一个短期的教育改革方向，也不是一个单独的专题教育，它将成为未来国家需要的一项基本素质。培养学生的创新能力，应该由整个教育系统来承担，需要全社会的共同努力。各级各类学校和教育机构要把培养具有创新性素质的人才作为自己的目标，构建出具有自身特点的创新人才培养模式，只有这样，创新教育才可以得到切实的落实，从而提升整个民族和国家的创新能力。创新人才的衡量标准只有一个，那就是创造力、思维力的获取和人格的培养，因此，学生们一定要积极主动，在掌握基本知识的情况下，去获取和提升自己的创新能力。创新能力的培养应该贯穿于学生教育的整个阶段。高等职业教育培养的是具有应用型技能的专门人才，而人才市场对创造性人才的需要，促使高等职业院校要适时地进行课程设置的改革，开展创造性教育。只有这样，才能够让培养出来的人才在工作中充分发挥出自身的优势，获得更为长足的发展。

（二）教育与生产劳动相结合的理论

把教育同生产劳动联系起来，是我们国家开展教育工作的根本方针。长期以来，各级学校没有很好地贯彻这一方针，在开展教育工作时没有将其与生产劳动紧密地联系起来，这就导致了我们的教育与现实生活之间的距离越来越远。在进行教育与教学的时候，往往不能把它和劳动联系起来，使学生无法将学习与实践相联系，在学习的过程中只能坐在教室中枯燥被动地接受知识，而不能在学习的同时接触到现实社会中的各种精彩，这种学习方式会逐渐消磨掉他们的热情，让他们变得死气沉沉。而此种教育方式，也往往会让学生的动手能力越来越差，创造性也比较薄弱。知识不仅对人类文化的继承和发展具有重要意义，更重要的是能够通过知识的运用增强学生的实践能力，进而推动社会和经济的发展。所学习到的知识是否具有价值，最直观的检验方式就是看它是否能够应用在现实的社会生活中。所以，如果学校的教育教学工作与实际的生产劳动是分离的，忽视了对学生实践能力的培养，那么，学生所学到的知识就无法被活学活用，更遑论通过知识的学习而提升自己的能力，助力社会的发展。我国的高等教育属于精英层级的教育，其教育目的是培养出对国家和社会发展有显著推动作用的人才。所以，在开展教育工作时，就需要更加注重教育与社会实践的结合，就需要将教育和生产劳动紧密联系起来，就需要让高校大学生能够主动地走进社会、敢于走进企业，愿意去亲身体会社会的现实，愿意去进行实践性生产活动。但是，在将教育与生产劳动结合的过程中，校方也要注意对劳动与学习所占据时间的比例进行合理分配。虽然社会需要的是能够有生产劳动能力的人才，但是也不能够因为锻炼劳动能力而忽视知识的学习，那样培养出来的不是全面的人才，而仅仅是只具备技术能力的工人。只有对二者进行适当调整，使二者在同一时间内得到合理分配，才能实现二者的有机融合。除此之外，高校还需向学生传授这样的理念：劳动是需要科学知识的，劳动也可以创造新的知识，新的知识又可以引导劳动，从而创造财富。

（三）建构主义学习理论

建构主义学习理论来源于维果茨基的"认知发展论"，在此基础上对各种教育理论和思想观点进行了广泛的吸收和借鉴，最终形成了完整的理论。建构主义学习理论与其他学习理论相比来说，最独特之处表现在知识观、学习观和学生观三个方面：一是知识观。建构主义认为，知识只是一种附加在语言符号上的形式，尽管有些命题已经被人们广泛认可，但它并不能确保学习者能够拥有同样的理解，因此，获得知识也不能完全依靠教师的言传身教。学习者需要在自己的经历中接受并构建新的知识，而学习的过程则依赖于学习者在具体的地点、具体的时间、具体的事件中对知识的解构和重组。二是学习观。建构主义否认了教师在知识传授中的作用，认为学习不是被动地接受，而是应该由学习者积极主动地建构新的知识，这种借助经验的自我建构更无法被他人取代。三是学生观。建构主义认为，每个学生在以往的学习活动中，都会积累出丰富的经验，教师不能忽略这些经验，而这些宝贵的经验，是学生获得新知识的依据。高职院校的学生拥有较为丰富的知识储备和比较丰富的生活经验，所以教师在进行教学时，必须注重学生的原始经验，所有的教学设计都应该建立在学生已经有的经验之上。

（四）主体性教育理论

主体性教育理论否定了传统的教学方法，其更强调"学"而非"教"，这种特点的产生很大程度上是受到了西方文化的影响。其主要强调能力对于人的重要性，相较于理论性知识，实践操作更为重要。强调在学习过程中尊重学生的主体地位，充分发挥学生的主动性，而不能完全依赖教师。在这种理论指导下的教学模式为主体性教学模式，就是在教学过程中要充分尊重学生的主体性地位，让他们能够积极地调动自己的主动性，并以此为基础，促进学生实现全面发展。在平时的学习和生活中，要根据学生的实际情况，与教师的科学设计相结合，进行合理的指导和启发；让学生充分地参与到学习过程中，让他们学会调动自己的能力，通过实践独立去解决问题，从而培养出一批实用的人才，以满足当今经济发展的需求。

主体性教育是指主体在课堂上充分发挥自己的主观能动性，自觉地、有目的地开展学习的一种教学实践活动。这种教育模式以学生为主体，因此，就需要学生能够有一种积极的心态，能够主动地参与到学习活动中，并多与教师交流，与其他学生之间互帮互助，让每个参与到学习过程中的人都能有所进步，有所成就，从而提升整体教学的质量和水平。我国目前多数高校仍然采用的是传统的教学模式，这种教学模式能够延续至今必然是有道理可言的，但是不可否认的是，在当下的新时代背景下，其也存在着显著的缺陷，具体表现为：在这种教学模式下无论是教师还是学生，都不能很好地定位自己的角色，教师在课堂上主要是以传授讲课为主要内容，学生主要是以聆听为主要内容，从理论到实践，从学习到应用，学生都没有充分地发挥出自己的主观能动性；而与此同时，教师也很难对学生展开指导性教育，单纯的讲授使学生很难掌握理论性的知识，而实践性的知识通过讲授来获得则显得形同虚设。因此，从目前社会发展的特征和对人才的需求而言，高等职业教育需在指导性理论中加入主体性教育理论，在教学过程中采用主体教学模式，充分发挥学生的主体作用，让他们能够主动地进行学习，实现个性发展和全面发展。

（五）黄炎培职业教育思想

黄炎培先生（1878—1965）是我国职业教育发展史上不可或缺的人物。他将其职业教育思想付诸实践，先后创办了一大批优秀的职业教育机构，这正是职业教育取得巨大成就的坚实基础。黄炎培先生的职业教育思想给予了职业教育深刻的内在价值。黄炎培先生不仅从思想上倡导大力发展职业教育，也真正做到理论与实践的结合。①

黄炎培先生对教育有着自己独特的看法：第一，黄炎培提出创新教育理念，认为要以实用主义为核心，对职业教育进行全面发展。第二，黄炎

---

① 张琪琪. 黄炎培职业教育课程思想及其当代价值［J］. 山西青年，2021（13）：152－153.

培先生认为职业教育要坚持理论与实践相结合的原则。① 在课程设计方面，黄炎培认为大部分学生在实践操作方面都存在着不足，因此，应在理论性教学内容的基础上增加实践性内容，以此来强化学生实践操作方面的能力。同时，他致力于职业教育制度的制定，并以此来提升学生的动手能力。在教育原则方面，黄炎培先生提倡"敬业乐群"的教学原则，并认为职业道德和专业技术的培养同样重要。为此，在教学工作中要加强学生职业责任感的培养，持续提高他们在自己专业领域的学习和研究的积极性，还要训练自己的团队合作能力，突出职业教育的正面功能。在教学理念方面，黄炎培先生认为职业教育是普及性的大众化教育，所培养出来的人才不应只是精英群体，而是具备大众化教育特征的全能型人才。② 学生是职业教育的主体，与职业教育的发展具有紧密的关系，只有注重主体的需求，并将社会要素与实践性教学相结合，构建具有实用性特征的教育体系，才能让培养的学生符合时代特征，满足时代需求，让职业教育为整个社会的发展贡献力量，同时推动教育事业获得长足发展。

即使从当下的新时代背景下来看，黄炎培的职业教育思想也是具有前瞻性的，其也一直对我国的职业教育起到了很强的指导作用。当下，继续对黄炎培职业教育思想进行深度发掘，仍然可以从其中吸取一些理论和实践方面的教育经验，这将会对我国高职院校的技能和技术人才的培养和发展起到一定的促进作用。

（六）能力本位教育理论

能力本位教育是 20 世纪 60 年代发展起来的世界范围内的教育培训思潮，是一种国际上流行的职业教育体系，也是目前国际上职业教育改革的发展方向。该思潮主张职业教育的主要任务是提高教育者的从业能力，而不仅仅是提高教育者的知识水平，以全面分析职业角色活动为出发点，强

---

① 边卫军. 基于黄炎培职业教育思想的职业院校人才培养模式探讨 [J]. 营销界，2021 (08): 84 - 85.

② 边卫军. 基于黄炎培职业教育思想的职业院校人才培养模式探讨 [J]. 营销界，2021 (08): 84 - 85.

调学员在学习过程中的主导地位，其核心是如何使学员具备从事某一职业所必须的实际能力。能力本位职业教育的教学目标很明确，针对性和可操作性强。它强调职业或岗位所需能力的确定、学习和运用是以达到某种职业的从业能力要求为教学目标。它按照职业岗位设置专业，按照实际需要，以培养一线人才的岗位能力为中心来决定理论教学和实践训练的内容。它实行理论教学计划与实践教学计划并重，且理论与实践互相配合，共同为培养学员的岗位能力服务。①

这种教育思想对于高等职业院校的教育工作开展，具有很好的指导性作用。从这一理论的核心内容中能够看出，职业教育需要从岗位需求出发，进行岗位能力的培养，所以，对于高职院校来说，在育人的过程中就需要将重点放在学生职业能力的培养上，而不是完全将精力放在学生理论性知识的掌握上。具体融入大数据与会计专业的教学过程中，就需实行"以职业为中心"的课程教学，才能使学生具有更高的专业技术水平。在开展具体的课程教学工作之前，大数据与会计专业的教师应该对当前会计专业的发展现状，会计行业的发展水平，以及社会需求的变化和调整展开一个全面的调查。而后结合调查结果进行分析，力求对这一领域中所牵涉的每一种岗位的技能要求都有一个比较全面的了解，将每一种技能进行综合和剖析，来确定大数据与会计专业的学生应该具有的各种技能，并以此为基础，有针对性地开展大数据与会计专业的教学实践。尽管能力本位论主张要对能力进行培育和塑造，但是这并不代表可以忽略基础理论知识的教授，这两方面整合后才是一个完整的能力框架，缺少任何一方，都会对学生的综合能力造成影响。所以说，在培养学生职业能力的同时，理论知识的传授也是必不可少的。但是，在讲授理论知识的过程中，需要改变传统教学中那种单向灌输为主的方式，运用各种各样的教学方式和方法来调动学生的积极性和主动性，重视学生的主体性，注重他们的成长和发展，注重他们的人格培养。另外，在教育过程中，还要重视对学生的启发和引导，学校

---

① 古隆梅. 探析能力本位教育在高职英语教学改革中的应用［D］. 重庆：西南大学，2008.

应该给他们营造一个比较轻松的学习氛围，让他们能够更好地认识自己，再配合教师的合理组织和指导，让他们得到最好的发展。

能力本位理论的核心，在于对学生技能方面能力的提升。不过，这里所说的"技能"，并不仅仅指某种单一的技能，还包括了未来工作所需要的各种能力，比如实践的能力、资料的处理能力、人际关系的处理能力、管理或经营的能力等，并且除了这些能力外，也注重精神世界的充盈。总之，能力本位理论在高等职业院校大数据与会计专业课堂教学中的应用，具有重要的现实意义。①

① 郝雅琴. 高职院校会计学专业课程教学研究 [D]. 西安：西安建筑科技大学，2015.

第二章
高职大数据与会计专业综合育人研究现状及存在的问题

第一节　高职大数据与会计专业综合育人研究目标和任务

一、以中小企业为重点分析企业对会计人才的需求

（一）重点研究中小企业的原因

结合近几年我国的经济发展形势来看，中小企业对国内生产总值的贡献和对工作岗位的贡献越来越大，这说明中小企业具有广阔的发展空间和十足的活力。而对于高职院校的大数据与会计专业来说，毕业生的就业方向主要为中小企业。其原因主要有两点：其一，中小型企业与大规模企业或集团公司相比，财务方面的业务相对比较简单，因此对会计人员的技能没有太高要求。其二，与高等教育系统中的硕士、博士等类型的人才相比来说，高职院校大数据与会计专业的毕业生由于受教育的年限较短一些，薪资要求通常不会太高，而中小企业的经营规模有限，在人力方面预算也比较低，高职毕业生的薪资比较符合中小企业的经济能力。且虽然相比之下高职大数据与会计专业的毕业生受教育年限短，但是接受的却是以培养应用型人才为主的教育，具有较强的实践能力，所以，中小企业对这类毕业生的需求较高。结合以上分析我们能够确定大数据与会计专业的毕业生主要面向的用人单位是中小企业，那么，以中小企业为对象来具体分析他们对高职大数据与会计专业毕业生的需求，才能够让高职大数据与会计专

业的教育可以更好地为地方中小企业提供服务。基于此，笔者以本省中小企业对会计岗位的需求为对象展开了相关调研，具体调研内容如下所示：

1. 中小企业会计岗位的主要来源

中小企业会计岗位的主要来源，如表2-1所示。

表2-1 中小企业会计岗位的主要来源调查表

来源	高职毕业生	企业培养	会计师事务所	其他
所占比例	61%	19%	11%	9%

2. 大数据与会计专业毕业生的职位和职责

高职院校大数据与会计专业的毕业生在中小企业中担任的主要职位和职责，如表2-2所示。

表2-2 大数据与会计专业毕业生主要职位和职责调查表

职位	成本会计	材料仓库管理	车间统计	出纳	会计	收银员
职责任务	材料、人工成本核算	材料出入库登记	合格品、废品统计	现金收支、银行款项	商品采购、销售、成本核算	收款、接待、联络

3. 大数据与会计专业毕业生的技能资质、人才特点以及从业资历的调研情形

高职院校大数据与会计专业毕业生的技能资质、人才特点以及从业资历的调研情形，如表2-3所示。

表2-3 大数据与会计专业毕业生的技能资质、人才特点以及从业资历调查表

职位	成本会计	仓库管理	车间统计	出纳	会计	收银员
是否持有初级会计职称证及比例	有100%	有92%	有85%	有99%	有98%	有80%
技术级别	助理会计师65%	无	无	助理会计师35%	助理会计师40%	无
年龄	26岁左右	23岁左右	23岁左右	24岁左右	35岁左右	21岁左右

综合以上调研结果能够看出，中小企业会计岗位中的主要来源为高职

大数据与会计专业的毕业生，占据了总人数的61%，而后依次为企业培养和会计事务所。高职大数据与会计专业的毕业生进入中小企业后，从事的工作也都与会计业务相关，如车间统计、成本会计、出纳等。而从技能资质等情况的调研上发现，中小企业中会计岗位上的高职大数据与会计专业毕业生年龄普遍不高，均低于35岁，且在上岗后基本持有初级会计职称证，多数在校时就已经考取，还有部分是在毕业后通过自修后参加国家级等级考试获取的证书，技术级别以助理会计师为主。

（二）中小企业对大数据与会计专业人才的具体要求

1. 业务素质与职业操守要求

笔者共选择了75家中小企业进行相关调研，从表2-4的结果我们可以看出，目前中小企业在招聘会计人员时，主要注重的是他们的道德素质、业务素质、工作经验和合作精神等素质，而对于学历的要求则较为宽松。

表2-4　中小企业引进会计人员首要考虑因素调查表

考虑因素	道德素质	业务素质	工作经验	合作精神	学历	专业职称
企业个数	35	8	21	5	3	3
比重	46.7%	10.6%	28.0%	6.7%	4.0%	4.0%

结合以上笔者所做调研可发现，目前来说，中小企业针对会计岗位进行招聘时，更为注重的是其道德素质水平，在75家被调研的中小企业中，选择道德素质为首要考察标准的有35家，占比为46.7%，其次才是工作经验，有21家企业选择，占比为28%，而将学历放在首要位置考虑的仅有3家企业，仅占比4%。综合以上结果，我们可以认为中小企业在聘用会计岗位的人员时，更为重视的是其职业操守。这种结果也不难理解，会计人员直接与财务打交道，可谓是中小企业中的重要组成部分，在他们尽职尽责地做好自己工作的同时，也要对财务信息的公平公正准确地进行表述和描述。会计人员是资金流通链的一部分，掌握着公司的大部分财务信息，这对会计人员的职业道德提出了很高的要求，因此公司应与会计人员签署保密协议。会计是财务工作的核心，所以需要有较高的职业操守，需要有抗

拒诱惑的能力。通过调研发现，很多公司都觉得刚入职的毕业于高职院校的会计人员工作热情通常不高，他们更渴望继续学习，多将现在的工作视为获取经验从而获得更优渥薪资工作的踏板，或者更专注于学历的提升，一边工作一边学习，想要获得更高的学历，且通常会将更多的精力放在学习上，导致他们在工作时情绪不稳定，缺少对岗位的责任心，经常会对更好的工作抱有不现实的期待，不愿意一步一步来，也不会对现在就职的企业有很强的忠诚度。然而，企业十分重视会计人员的职业道德和技术水平，不仅需要他们有扎实的技术和知识基础，更要有良好的品德，并且也要有努力拼搏、大胆创新、勇于实践的精神，以及开阔的眼界和不断地向自己发起挑战的勇气。而这与上述调研结果并不相符，多数的高职毕业生并不能满足企业的这些用人要求。通过表 2-1 我们可知，中小企业会计岗位人员主要有三种来源，如果对口专业的毕业生无法满足企业在会计岗位上的用人需求，那么企业就需要借助于人才中介或猎头公司，在会计师事务所等机构中寻找拥有成熟技术能力的人才。一个地区中的中小型企业的总数是有限的，每家企业对于会计岗位人员的需求数量也是有限的，如果企业不再接受对口专业毕业生的求职或减少应聘人数，则高职院校大数据与会计专业的毕业生求职难的问题还会继续加剧。要想彻底解决这种矛盾，需要从国家、企业和高职院校三方面来入手：其一，国家需要加强政策上的引导，并给予充分的物质保障，让他们能够安心在现有工作岗位上脚踏实地地奋斗，而不是因为学历的欠缺急于学习而忽视眼前工作；其二，用人单位需要为毕业生进行相应的职业规划，为他们提供一个更好更广阔的发展平台；其三，高职院校大数据与会计专业需要进行相应的教育改革，在对学生进行教育的过程中，使他们能够养成重视自己职业操守、夯实自己专业能力的意识，成为企业所需要的人才。

2. 能力要求

会计人员在企业中主要负责与财务相关的业务，因此，企业对大数据与会计专业的毕业生的能力方面，较为注重其专业技能水平，如财务核算、审核等，并且还需要熟悉国家与财务相关的政策和法律法规等。根据笔者的调研结果，在被调研的企业中，有 35 家企业较为注重会计人员的道德素质水平，占比 46.7%，居于次位的是对工作经历方面的需求。从此结果中我们能够看出，中小企业较为注重会计岗位的技术能力和实践经验，而对于学历和职称等重视程度并不高，整体是较为理性的。

企业更注重会计人员专业技能水平的高低，主要是因为会计岗位人员的工作内容是较为复杂的，需要掌握的技能较多。例如，会计人员需要在能够掌握账务核算、数据统计、税费缴纳等基本工作操作技能的基础上，为了能够让工作顺利展开，还需要同时具有良好的沟通能力、协调能力和表达能力。这是因为会计人员需要记录、确认、跟踪财务相关数据，与各个部门都会发生较为频繁的接触，只有这样才能全面掌握公司的整体运作情况。并且，其还要承担起部分协助企业运营的职责，将自己从下面多个部门中获取的运行相关数据，向企业的领导进行汇报，让其能够及时地规避风险，调整企业的发展方向。并且还需要能够正确对待企业与工商、银行、税务、政府、供应商和经销商等相关单位的关系。

在当前市场环境下，众多的中小企业纷纷开始采用高新技术装备，以不断提升自身的综合实力，走以技术为核心的发展之路；转变生产方式，加大资金投入，加强对生产方式及工作环境的改进，注重对先进科学技术的应用。当前的时代是信息的时代和数据的时代，为了适应时代的发展特征，不被时代抛弃，各个企业都开始建设信息收集体系，将一切生产信息都录入其中，建立一个集企业生产、组织、储存等全部内部生产信息于一体的网络，而后打通对外的接口，与金融机构、税务机关、销售单位进行信息的交换与沟通。在这种整体发展前提下，企业构建的财务系统将不再是静态的，而是动态地展现出真实的数据，在这一过程中，将会出现很多全新的需要先进科技素质的岗位。基于此，高职大数据与会计专业在进行人才培养时就需要有针对性地提升学生此方面的技能水平，针对目前教学内容和课程体系中在信息科技运用方面所存在的不足进行改进，有效提高学生对科学技术的应用能力，让他们能够在全新的高端技术岗位上得到更多的就职机会，进而发挥自己的能力，实现自我价值。

3. 知识要求

在这个知识经济的时代里，一个人掌握的知识的多寡及能够将其转化为自身能力的程度，是决定一个人是否能够在这个社会中获得成功的决定性因素。

结合笔者调研来看，目前，大数据与会计专业所面向的企业在会计岗位人员素质方面均提出较高的要求，大多数企业都具有这样的认知：会计岗位与其他岗位相比具有一定的特殊性，接触到的是企业的机密内容，往往需要承担一部分管理层的责任，因此，会计岗位人员不仅需要能够熟练掌握职务范围内的知识和技能，还需要能够具有关注和获取其他领域信息的能力和分析能力，通过相关领域的动向，找出与本企业所在行业相关的信息，为企业做决策提供数据支持。另外，企业会计人员的涉及面非常广泛，与政府、银行、金融机构等都有着密切的联系与合作。因此，要做一个出色的会计，就需要能够满足以上所提出的多方面的需求，除了应具备如计算机运用、专业理论知识等专业基础技能外，还需要掌握金融知识以及与工作相关的政策和法律法规等。

再从企业规模特性来看，高职大数据与会计专业的毕业生面向的用人单位为中小型企业，因为企业规模的限制，通常能够招聘的人数有限，所以就往往需要一个员工能够同时担任多个职位，或者能够胜任一个领域中的全部工作，而且还要取得极佳的工作效果。雇佣这样的员工，不但可以大幅度降低公司的成本费用，还有利于公司的全面发展，方便公司的统一管理。所以，现在的中小企业都很愿意雇佣全能型的人才，因为这样的人不仅懂得营销，而且还懂得专业技术。基于此，为了能够满足用人单位对于综合性实用型人才的需求，大数据与会计专业在实施教育教学时，就需要注重人才的多样化培养，要广泛地提供多方面的知识，打破单一的学科界限，要使各学科之间能够相互协调发展，培养综合性复合型人才，提高学生各方面的能力，从而实现人的全面协调发展。

4. 证书要求

除了前三方面的要求外，中小企业还对大数据与会计专业的毕业生有学历文凭和初级会计职称证书方面的要求。对于学历文凭有要求，是因为学生在顺利毕业前的本职就是进行专业知识的学习，如果无法取得学历文凭，则证明其连基本的学习知识的能力都不具备，自然也无法胜任对各项素质都要求较高的会计岗位。另外，初级会计职称证书是从事会计职业所需要的一种重要证书，而且，高职大数据与会计专业的毕业生在刚进入职场时通常是在财务基层岗，所以绝大多数企业对此有要求，因此毕业生应当尽快取得初级会计职称证书。

从以上企业对于会计人员的具体要求我们能够看出，目前，社会对于会计人才的综合素质要求仍处于高水平状态中，而作为一种应用型人才，其主要的培育单位是高职院校。所以，院校领导和大数据与会计专业的教师，在育人的过程中，就需要充分考虑企业和社会的具体需求，在加强对学生思想道德教育的同时，勇于改革教育教学模式和方法，全面激发学生学习的主动性和积极性，使他们能够在完成学历教育的同时掌握熟练的职业技能和良好的职业素质。并且，还要鼓励他们主动参加实践活动，为今后的工作和毕业后的再学习打下坚实的基础，并给毕业生提供就业方面的指导，激发他们参与到中小企业和基层建设的热情，为今后做好财务工作打下坚实的基础。

二、高职大数据与会计职业能力框架

以职业能力为导向的高职教育，以适应社会及有关产业对人才的需要为培养人才的目的，注重专业技能的培养。在相关的教育和教学中注重理论联系实际，注重学生动手操作能力和创造能力的培养。一般来讲，这种教育是以某一职业所需要具备的能力为起点，针对相关岗位进行全面分析。在教学活动开展的过程中，通常以学生为中心，而教师在其中仅仅扮演指导角色。在经济不断发展的新时代背景之下，职业教育的普及范围不断扩大，职业教育的理念就是基于学科理论知识来提高学生的应用技能，是对高等教育的一种反思，也是对高等职业教育的一种反思。以专业能力为导向强调的是培养人才的专业能力，要求人才不仅要具备专业的理论知识，还要具备相应的专业技能。众所周知，知识是从实践中来的，能力也是从实践中来的。因此，在高等职业院校中开展实践活动，对培养学生的实践能力和创新能力都具有十分重要的作用。

结合当前的时代背景，以及企业的用人需求，高职大数据与会计专业学生所需要的职业能力包括了职业道德、职业技能、社会能力、学习能力和其他能力。它们并不是完全独立的，需要整合为一个完整的能力体系，即使其中两种能力较强，而仅有一种较为薄弱，也会对整体能力产生影响，进而影响学生的自身发展潜能。高职院校大数据与会计专业学生职业能力框架如表 2－5 所示。

表 2－5　高职院校大数据与会计专业学生职业能力框架表

职业能力组成		具体内容
职业道德		热爱职业、熟悉法律法规、依法办事、实事求是、遵守保密制度等
职业技能	专业技能	与大数据与会计专业知识直接相关的处理方法、职业判断等，根据具体会计岗位的不同而不同（见表 2－6）
	一般技能	计算机操作能力、语言文字表达能力、外语能力等
社会能力		交流沟通能力、团队合作能力、决策分析能力、执行力、抗压能力、时间安排能力以及职业价值观等
学习能力		主动学习能力、知识更新能力、知识迁移能力、知识转化能力和逻辑思维能力等
其他能力		决策能力、语言组织能力、战略管理能力等

（一）职业道德

职业道德与人们的工作和生活都有着紧密的联系，它既规范着人们的职业行为，也要求人们承担起对社会的道德责任，并履行相应的义务。人们在从事工作时，需要能够自愿遵守职业道德，并用其来规范自己的职业行为。具有正确职业价值观和端正的工作态度的人能够达到较高的职业道德素质水平，而职业道德水平的高度会对会计人员在工作中专业技能的发挥产生一定的影响，可以说，正确的职业价值观是会计人员专业技术能够充分发挥的基础，也是必不可少的组成部分。会计这一职业自身所具有的特殊性对会计人员的职业道德提出了更高的要求，即需要会计人员能够处理好各种社会关系。注重会计职业道德的培育，不但可以对会计行业内部进行有效的规范，提高行业内从业人员之间的凝聚力，还可以调整会计人员与其服务对象之间的关系。这不但可以提升会计人员的思想道德素养，还对强化行业内部人员的管理，提升本行业的声誉，都具有非常重大的意义。

具体来说，会计的职业道德包括以下五个方面的内容：

第一，热爱自己的职业。对自己的职业具有深厚的热爱之情，是一个会计人员能够持续进步的内因，实际上这点对任何职业的从业人员来说都是如此。因为人们只有发自内心地喜爱自己的职业，才会不停地寻求自身的进步，通过学习等手段努力地提升自身的技术水平，让自己能够与时俱进，保持行业中的领先水平，并通过这些行为产生满足感和幸福感，再反馈到工作中，形成良性循环。而只有对自己的专业有足够的热爱之情，才能够让会计人员在工作中充分发挥自身的主动性，并且锻炼出良好的知识和技术基础等。会计的工作实际上就是与数据打交道的一种工作，因此要求他们在工作时需要尽量做到一丝不苟，并克服工作中的烦琐性和枯燥感。所以，很多人都不愿意做会计这样的工作。如果对于该职业没有百分之百的热情，只会觉得无聊，对于工作内容毫无激情，觉得这样的工作毫无意义，发自内心地不喜欢自己的工作，这就容易导致各种问题的出现。另外，在工作过程中，会计人员还会碰到一些与政策较为密切的内容，或是牵涉到许多方面的内容，这些相关方面的处理需要十足的耐性和坚持不懈的精神。只有热爱自己的职业，会计人员才能够处理好这些问题，也才能在这些繁复的、重复性的工作中提高自己的职业水平。

第二，熟悉各项规定和条例。虽然从表面上看，会计的工作是与数据打交道的工作，然而实际上在中小企业中，这并非会计人员的全部工作范围。身为一名会计，在工作中处处都要遵循各项规定，所以为了让工作能够顺利完成，避免给公司造成损失，就需要对与企业财务相关的各项规定和条例有一个充分的了解，并在工作中认真地贯彻落实。除此之外，除了自己要十分熟悉这些规定和条例外，还要承担起对企业内其他相关人员正确地进行相关的法律和规定普及的责任，以便让自己的职责被同事充分了解，让工作能更轻松地展开。

第三，坚持依法办事的原则。会计人员在处理与财务相关的问题时，要严格遵守相关的法律、法规，并将其视为自己的职业原则，在工作中也需要做到充分坚持这种原则，这也属于会计人员的职业道德之一。会计工作人员在根据要求进行工作的同时，也要确保自己所提交的资料是真实、准确的。这种真实性和准确度不仅要在自己的工作中体现出来，更要获得其他有关人员和有关部门的认同，从而让获得消息的人或者部门可以获得真正有价值的消息。

第四，做到实事求是。身为一位会计人员，在处理各种财务问题时，应该以一种实事求是的态度来对待。一般情况下，会计工作人员都具有较好的专业知识和技术，但若不能具有实事求是的工作态度，就会把这些专业知识和技术当作弄虚作假的工具，甚至是当作自己牟利的工具。因此，作为一名会计人员，必须时刻都保持一种实事求是的工作态度，这样才能确保自己所提供的信息的真实性和可靠性。

第五，严格遵守保密条例。身为一名会计人员，在工作中需要严格遵守保密条例。因为会计工作的特殊性质，会计人员会与一个企业中的许多机密的信息发生接触，例如公司的运营状况、业务管理情况，或者企业的重要工艺技术即保密的加工手法等，而这些信息一旦泄露，它将会给一个企业造成难以弥补的损失，在经济上造成严重的破坏，还会引起竞争力下降、客户流失等问题，其损失将是不可估量的。因此，会计人员应该以严格遵循保密制度为自己的工作准则，无论遇到何种情况，都不能对他人泄露这些涉及企业核心运营内容或技术的信息，更不能违背职业道德，为了一己私欲，把企业的秘密出售给他人或竞争对手。

职业道德水平和职业道德决策能力的培养，需要通过高职院校对大数据与会计专业的学生进行相关的职业道德教育来实现。在大数据与会计专业的课程体系中，应当增加一门关于职业素养的课程，以此培养学生的职业道德，让他们能够了解一名优秀的会计人员所需要具备的道德素质，认识到职业道德的重要性。而在开展此类相关教育时，需要注意避免单向灌输、填鸭式等容易让学生反感的方法，可以灵活将多种教育方式相结合，如将理论讲述与情景剧相组合，通过寓教于乐的方式让学生了解到职业道德缺失所引发的严重后果等，充分调动学生的道德想象力，从而提升他们的职业道德分析能力。

（二）职业技能

职业技能是指从业人员在完成某项具体工作任务时所要用的方法和手段，包括专业技能和一般技能。专业技能指从业过程中和大数据与会计专业知识直接相关的处理方法、职业判断等技能，主要指的是专业业务能力。[①] 实际上会计是一个岗位的统称，其中还包括了许多具体的岗位，这些岗位对于会计专业业务能力的要求是不同的，具体如表 2 - 6 所示。

表 2 - 6　岗位专业技能要求表

岗位	专业业务能力
出纳	点钞、真假币鉴别；会计数书写技能；凭证审核与填制；银行对账及银行余额调节表编制；支票的领用及签发；账簿的启用与登记等
往来会计	客户档案管理；应收账款账龄分析；往来款项核对；款项催收；应收账款、应收票据；应付账款、预收账款等账簿登记
固定资产会计	建立固定资产明细账和卡片；固定资产增加或减少的账务处理；计提折旧；盘存方法；盘点损益表的编制和账务处理
工资会计	核算工作；审单；收付款的核对；编制会计凭证；盘点库存现金、固定资产；核对往来；会计资料整理及归档工作；纳税申报；相关合同管理及合同台账更新

---

① 姚小平. 高职院校基于职业能力导向的会计专业实践教学研究 ［D］. 石家庄：石家庄铁道大学，2018.

（续表）

岗位	专业业务能力
成本会计	制订材料消耗定额；填制材料收发凭证；存货采购与领用的账务处理；平行登记材料总账和明细账；材料盘点及盘点损益表的编制和账务处理；计算产品生产成本；生产费用的分配核算；编制成本计算表；登记成本账簿
销售会计	库存商品核对；收入凭证的审核与填制；登记核对收入、库存商品账簿
税务会计	发票的认购；税金的核算；纳税申报；汇算清缴
总账会计	会计凭证、账簿、报表的稽核；会计账目的调整；试算平衡；财务会计报告的编制；财务分析编写；内控制度的组织

而会计人员所需具备的专业技能除了以上与岗位相关的技能外，还包括有财务分析能力、管理能力、监督能力等。

会计人员所需具备的一般技能，即在工作中必须具备的但是与专业没有直接关系的技能，是新时代背景下大多数职业都需要的一些技能，包括操作计算机的能力、语言文字表达能力、外语能力等。只有具备了这些一般性技能，才能够让自己的专业技能更好地发挥出来。

（三）社会能力

会计工作具有很高的专业性，不仅要求从业人员要具备一定的专业技能，还要具备一定的分析问题和解决问题的能力，以及与不同层次的人进行交流的能力。在当今全球经济发展的大环境下，对人才的要求就是：他们不但要具备良好的专业技术，还需要能够将自己所学的知识进行全面的应用，能够与他人进行顺畅的交流和沟通，能够与公司内部其他人员进行良好的合作，能够在与其他企业、政府部门等合作中保持良好的交流，从而让自己的工作变得更加顺畅和高效，并为公司业务的扩展提供更为有利的条件。因此，作为一名称职的会计人员，在工作过程中，必须具备理解、适应社会和解决问题的综合能力；具备良好的沟通、协作、判断、分析、执行、安排日程、抗压等技能，以及良好的职业价值观等。

当前我国经济体制正处于转型的关键时期，为了应对这种局面，企业对于员工的能力要求也越来越高，不仅需要其具有较高职业素质，还需要具备较高沟通技巧，需要的是全面型的人才。所以，会计岗位除了要求从业人员具有专业技术和知识外，还要求其是一个综合性人才，当工作与外界环境产生联系时，需能够处理好自己与外界的关系，及时地解决好各种问题，如参加银行的借还款事项，税务局登记纳税，办理部门的企业年审等。在这种情形下，这些业务的处理都非常烦琐，且需要接触非常多的相关人员，会计人员不仅要具备强大的交际能力、公关能力，而且还要具备丰富的文化知识素质。在将知识转变为生产力的进程中，就要求在各种行动体之间展开更多的沟通与协作，让工作得以顺畅解决并圆满完成。甚至说，在某些特定条件下，会计人员还需要发挥带头功能，激发出企业内部其他员工的工作积极性和主动性，从而确保总体工作的顺利进行，如期完成总体工作目标。

（四）学习能力

当今社会发展速度越来越快，企业所面临的环境也是每天都在发生着变化，法制也变得更加健全。因此，作为高等教育体系中的一部分，高职院校的学生需要具备较强的学习能力，并将其充分体现出来。这种学习能力不仅仅指职业所需要的专业知识体系的学习，还包括终身学习的能力，这是新时代背景下，从事会计职业或者说是从事任何职业都需要的能力，以会计行业来说，学校内能够学到的知识是有限的，所以学生必须能够掌握真正的学习能力，只有这样，他们才能在未来的工作岗位中，具有时刻提升自己竞争力和推动自我发展的能力。真正的学习能力指的是具有将知识转化为自身技能，同时提高逻辑思维能力的能力，其在工作中和生活中具有较强的应用价值。当今社会的科学技术日新月异，知识与资讯也在不断地更新，因此，我们要有一颗"活到老，学到老"的心，并用与这种心理匹配的能力，适时地为自己的专业与非专业的知识"充电"，获得更好的发展。对会计人员来说，业务技能的升级非常关键，会计人员需要在学习中不断地创新，在关注自己所处行业的环境及趋势的同时，也要适时地获得与其他相关行业的有关信息，只有如此，才能始终保持在潮流的领先地位上。

（五）其他能力

1. 决策能力

一个职业的会计师必须具备商业上的决策能力，准确的判断力，创造性的思维和洞察力。会计的决策能力表现为：在面对紧急情况和棘手问题的时候，可以保持清醒的头脑，进行仔细的分析，从而做出有利于公司发展的选择，并且在受到损害时，能够实现损害最小化。在做决策时，具有一个好的判断能力是进行决策的重要基础。会计人员从事着比较细致的工作，在处理日常公司交易和经济事务时，要严格地对每个工作环节进行审核，并根据流程对每个工作事项进行逐步分析，从而达到所需的标准。在新时代背景下，国家对企业的财务管理工作也提出了更高的要求。我国近几年开始实施新的企业会计准则，该标准对会计工作者提出了一些新的要求。因此，在某些公司的经济交易和特定的事务中，会计人员不再能够从标准中寻找出明确而详尽的过程和方法，这就要求会计人员在公司的现实条件下，结合自身的业务经验，做出正确的判断，并进行相应的操作，这对会计人员是一个极高的挑战。在企业的会计活动中，存在着许多可供其进行抉择的问题，这些问题往往需要其依据自己的主观判断做出决定。因此，高职院校在大数据与会计专业的教学和管理中，必须加强对学生在学习过程中的判断能力的训练，重视对财务、税收、法律法规等方面的规范要求的掌握程度。

2. 语言组织能力

会计相关专业的毕业生未来所从事的工作，通常都是对文字和数据进行处理，以及专门的财务管理工作，这对他们的语言能力水平提出了一定的要求。具体来说，主要包括以下两个方面的内容：其一，文字编辑和表达能力。会计人员在从事财务、税务管理等工作的时候，能够对某些文档进行编辑和管理，例如，编制财务报表，增加对注释的解释及经济活动的分析等。其二，外语运用能力。在全球经济一体化的发展背景之下，我们国家的经济和世界其他国家之间的联系越来越紧密，和外国公司之间的商业交流也越来越频繁。所以，要求会计人员熟练掌握至少一门外语，从而可以对文件信息的交换进行有效的处理。

3. 战略管理能力

会计人员应该具有对经济发展进程与市场实际的走势进行分析和判断的能力，要具有良好的商业眼光，拥有广阔的视角，并擅长利用金融知识进行财务管理，规避企业经济上产生亏损风险，尽量保证企业的权益。

会计人员还需要具备适应变化与发展的能力，主要包含有：自我管理的能力，自我发展的能力，能够适应变化的能力和能够自我调整的能力等。会计人员要使用浅显易懂的语言和文字，将财务信息与非财务信息的内容与全体员工和合作者进行交流，并且需要掌握在不同环境与情况下通过聆听而获取信息的能力，以及良好的表达能力和写作能力等。除此之外，为了适应日益变化的经济和管理形势，会计人员还必须掌握能够应对变化的其他多种技术，因此，会计人员应该具备持续开创会计领域、管理领域的意识和能力。

三、高职大数据与会计专业的综合育人研究目标及任务

《教育部关于加强高职高专教育人才培养工作的意见》中有所提及：要培养高质量的人才，就必须要通过各种各样的方式进行教育。而根据不同的教育效果，对学校的内容进行分类，培养学术型、科学型人才的为普通高等教育，培养技能型、应用型人才的为职业教育。[①] 从中我们可以看出，职业教育的育人目标及任务就是培养技能型、应用型的人才，与普通高校的育人目标和任务具有显著的区别，能够满足社会对于不同类型人才的全

---

① 姚小平. 高职院校基于职业能力导向的会计专业实践教学研究 [D]. 石家庄：石家庄铁道大学，2018.

面需求。而对于高等职业教育来说，其教育更注重学生职业技能和相关素质的培养，这种教育方式，才能够满足当下社会对高质量的现代技术型人才不断增长的需求。

中共中央办公厅、国务院办公厅印发的《关于推动现代职业教育高质量发展的意见》中指出：坚持正确办学方向，坚持立德树人，优化类型定位，深入推进育人方式、办学模式、管理体制、保障机制改革，切实增强职业教育适应性，加快构建现代职业教育体系，建设技能型社会，弘扬工匠精神，培养更多高素质技术技能人才、能工巧匠、大国工匠，为全面建设社会主义现代化国家提供有力人才和技能支撑；坚持立德树人、德技并修，推动思想政治教育与技术技能培养融合统一；坚持产教融合、校企合作，推动形成产教良性互动、校企优势互补的发展格局；坚持面向市场、促进就业，推动学校布局、专业设置、人才培养与市场需求相对接；坚持面向实践、强化能力，让更多青年凭借一技之长实现人生价值。

以上为国家层面对于高等职业院校的指导思想和育人要求，那么再结合现有此方面的研究文献来看，当前，学术界对于高职大数据与会计专业的综合育人目标的定位，主要有以下三种：

第一，培养具有良好思想品质与健全体魄，满足企业、事业与行政单位会计岗位要求，掌握大数据与会计专业必需理论知识，具有较强实际操作能力，能够运用所学会计理论和技能解决实际问题，从事会计工作的高等应用型人才。[①]

第二，针对就业面向岗位培养具有良好的职业素养和观念，掌握或熟悉企业会计核算的一般程序和基本理论，具备财会岗位群的操作知识、能力、素养，在企事业单位从事财会工作的高素质技能型专业人才。[②]

---

① 朱红梅. 职业能力导向的高职会计专业课程实践教学研究 [D]. 金华：浙江师范大学，2011.

② 朱红梅. 职业能力导向的高职会计专业课程实践教学研究 [D]. 金华：浙江师范大学，2011.

第三，培养具有良好的职业道德和人文修养，能在企业、事业单位及政府部门从事基本的会计业务核算、会计分析、会计管理等工作的实用型、技术型人才。①

以上这些目标的定位与国家有关文件的主旨是比较一致的，但也有比较偏颇的地方。笔者认为对于大数据与会计专业的人才培养目标，应该根据目前的国家发展需要和社会发展要求、大数据与会计专业毕业生的现实状况、对岗位所需要的专业技能以及会计从业人员的后续发展等几个方面来进行综合的考量。所以，在与上述目标相结合的基础上，加入了自己的理解，将高职大数据与会计专业的培养目标进行了定位，具体如下所示：

其一，具备更扎实的财务专业知识。大数据等新技术的兴起，促进了会计岗位的分工更加标准化、规范化，大量的基础数据录入工作、会计核算等工作都是由财务机器人来进行，而基层财务人员的人数也在逐步减少。但并非所有人都能从事财务工作，事实上，现代公司对会计人才的素质提出了更高的要求。会计人员要对会计原理、财务核算方法等有较深的了解，尤其要对成本控制、财务分析、全面预算决策以及风险控制有较强的掌握能力。会计人员还需要把自己的会计专业知识与大数据技术相结合，利用大数据技术，完成对数据的提取和分析。

其二，具备更全面的业财融合能力。从传统的财务核算到管理会计的转变，使财务人员走向业务的最前沿，成了企业财务核算发展的一股潮流。在做好自己的工作的同时，还要主动了解业务并向企业的采购、生产、销售、投资和融资等领域进行渗透，为管理者提供有价值的财务信息，并且需要能够从财务的视角来协助管理者发现问题，解决问题。

其三，具备更全面的综合素质。由于公司所面临的外部环境越来越复杂，经营活动和交易方式也越来越多元化，因此，会计人员除了要具备较高的业务技能之外，还必须具备计算机、管理学、市场营销等方面的技能

---

① 朱红梅.职业能力导向的高职会计专业课程实践教学研究［D］.金华：浙江师范大学，2011.

以及其他多方面的知识。这不但对会计队伍的"单兵"战斗力提出了更高的需求，而且对会计队伍的整体实力也提出了更高的需求。会计人员应该具有较强的交流和协作技巧，能够很好地处理内外关系，保证工作效率。此外，与财务相关的工作体量巨大，时间紧迫，因此，会计人员也必须提升自己的工作效率，以及长期对抗压力的能力。

第二节　高职大数据与会计专业综合育人研究现状

一、高职大数据与会计专业就职需求调查

（一）企业需求的学历调查

与普通高等院校相比，近些年高职院校在毕业生就业方面表现得更为优秀，所以招生数量也在不断地增加，生源的增加为教育改革提供了坚实的基础，使改革工作开展得如火如荼，办学模式也表现出了灵活多变的特点。虽然高职院校毕业生的就业表现整体是比较好的，但是，从大数据与会计专业的角度来看，毕业生想要找到适合的岗位还是较为困难的，这使得一些学生甚至转行去从事其他工作。与此相对的是，很多企业也难以招聘到适合的会计人员，毕业生无岗可就和企业无人可用成了现在的主要矛盾，导致这种矛盾产生的原因很多，但毕业生的综合素质不高是主要原因之一，想要解决这一矛盾，加深校企合作育人的深度是最为有效的路径。从现状来说，虽然校企合作的开展取得了一定的效果，但是在这个过程中也发现了许多需要解决的问题，而首先需要高职院校对企业会计岗位的需求有所了解。

据统计，近几年中，我国每年都有超过十万的大数据与会计专业的毕业生，这些毕业生的来源不仅有高职院校，还包括中职院校和本科院校。尽管现在的社会对会计人才的需求量很大，但是岗位的竞争也很激烈，尤

其是高职院校大数据与会计专业的学生，他们在学历上与本科学生比较，没有什么竞争力。那么，怎样才能让他们在就职过程中具有较强的竞争力呢？高职院校大数据与会计专业就业所面向的企业对会计人员的需求是什么？带着这些疑问，笔者于2022年以湖南省长沙市为调研区域，通过线下、线上和电话访谈等方式，以中小型企业为研究主体，开展了一次问卷调查。

高等职业教育的生存和发展紧密地跟随着社会的需要，因此其必须与社会的需要紧密地联系起来，充分满足社会对于人才的需要，这样才能为社会提供大量的其所需要的人才，才能实现社会的可持续发展。笔者通过调研发现，企业对于大数据与会计专业毕业生的需求主要包括两个方面：一个方面是企业对自身会计岗位的设定，另一个方面是企业对该专业学生专业能力、专业知识和职业素质的要求。对于大数据和会计专业的学生需求方面，不同类型的企业具体的需求也存在着一些差别。

对有效回收问卷进行统计后我们发现，56%的企业需要具有大专学历文凭的会计人员，而这部分企业主要为中小型企业；34%的企业需要具有本科学历或更高学历的会计人员，这部分企业以大型企业或集团为主；4%的企业需要中专文凭；只有6%的企业对文凭无所谓。由此可以看出，在对会计人才的需要上，企业会从自身的实际情况入手，从而降低了用人浪费现象发生的概率。

（二）关于企业的调查

在不同规模的企业调查中，笔者发现：高职大数据与会计专业的毕业生在中小型企业中的就职率比较高，占比为85%；而在大型企业中仅占15%。

（三）企业性质

在对企业性质的调查中，笔者发现：高职大数据与会计专业的毕业生在民营企业中的就职率较高，占比为93%，在私营企业中的就职率为12%，而在国有企业中就职率仅占7%。

（四）企业会计岗位需求调查

从最近几年湖南省企业的发展形势来看，中小企业的发展较为迅猛，成了省内经济发展的主要支柱，也是大数据与会计专业毕业生的主要就职对象。笔者通过调查发现，在提供会计岗位的企业中，尤其是中小型企业，提供的岗位主要有会计核算、财务管理和内部审计三种，他们占比分别为44%、35%和21%，其中企业对于会计核算人才的需求量最高，内部审计最低。

（五）毕业生的就业岗位调查

以毕业生为调查对象对大数据与会计专业的就业岗位进行调查，并对所得结果进行分析可得出，在大数据与会计专业的毕业生主要就业方向中出纳收银占比为41%、营销占比为16%、会计占比为15%、投资评价占比为11%、库存管理占比为8%。另外还有一些毕业生会选择教师、助理等岗位就职，统一归纳在其他类别中，占比为9%。

（六）各会计岗位的工作职责

不同类型的会计岗位，需要负责的工作内容是不同的，具体如下所示：

出纳岗位：主要从事现金链流动情况、经济活动资金流通、现金的存放、核实管理银行账户以及记录每天的收支情况等事务。

会计核算岗位：主要从事企业收支、资产价值、成本产出、税费核算、财务分析报告等事务。

会计监督岗位：主要从事制定企业每一年的审核计划报告、审查平时正常的企业经济活动；参与辅助其他审核部门开展合作项目的审查、反复核查企业经济活动、制定审查报告等。

会计管理岗位：主要从事企业会计体制的建设发展和管理、信息系统的维护管理、编制人员及其档案的保存管理等事务。

财务管理岗位：主要从事企业发展资金筹措、企业战略预算、合作项目、收支划分等各项管理工作。

（七）就职企业对毕业生知识及工作技能的要求

1. 知识技能要求

笔者通过调查发现，大数据与会计专业面向的就职企业，对于毕业生的知识技能要求包括财会技能、税费成本核算技能、财会监督管理以及对会计工作相关的法律法规的掌握等方面。而除了专业性的知识技能外，就职企业还对一般性知识技能有要求，如高等数学、计算机操作、常用财务软件操作等。

针对会计岗位的特殊性质，用人单位还会对应聘职位的毕业生是否持有岗位相关证书有要求，具体来说，这些证书包括有：注册会计师证书、中级（初级）会计职称证书、理财师证书、银行或证券从业资格证、计算机和外语等相关方面的资质证书。

2. 主要工作技能要求

企业对于大数据与会计专业毕业生的主要能力要求包括：诚实守信，热爱工作，廉洁自律，有较强的文化底蕴及与人交流和协作的能力；拥有较强的团队精神，能够灵活地适应环境，并能保持积极的心态，具有较强的抗压能力，并且能不断地拓宽自己的眼界，敢于创新；能够用一种科学的目光去看待现实问题，可以熟练地使用计算机等工作所需的电子设备，能够熟练地获得并正确地处理各种财务信息；可以独自完成各项经济活动并进行各项与岗位相关事务的办理，对与决策有关的金融事件进行处理，可以对经济趋势进行预测，并对单位账册进行审计。由于不同企业之间的经营理念和战略发展方向的差异，所以对会计人员的要求也不尽相同，但都非常重视团队合作和实际操作能力，而对于实际操作能力，因为公司的岗位分工和公司制度的差异，所以，对这一方面能力的具体要求也具有差异性。例如，财务管理岗位实际操作能力主要是对公司的财务进行分析和选择，而监管部门的实际操作能力则表现为对公司进行全面、准确的审核能力。

二、高职大数据与会计专业综合育人的现状调查

（一）针对参与对象的调查

调查高职大数据与会计专业的综合育人现状，笔者认为应结合多方对象的反馈进行分析，所以本调查确定了相关对象，具体包括有：大数据与

会计专业的在校大学生、已经就职的毕业生、在职教师以及此专业的主要就职单位——中小企业。同时,将调查的切入点放在校企合作上,全面地对当下高职大数据与会计专业综合育人的现状进行分析。

1. 以在校学生为对象开展的调查

笔者以湖南省内高职院校大数据与会计专业为调查对象,采用随机的方式共选择了100位即将毕业的学生发放问卷开展综合育人调查,回收问卷为98份,其中有效问卷为96份。对问卷进行分析发现:对于学校所开展的专家讲座,绝大部分的学生认为对自己没有帮助或帮助不大;对于实训基地的运用,大部分的学生表示不太满意;而对于外聘教师的教学水平方面,则多数学生表示比较满意。

结合以上结果我们可以看出,从在校学生的角度来看,大部分的学生对于高职院校大数据与会计专业的综合育人现状都不太满意。针对于此,高职院校校方和大数据与会计专业需要进一步丰富综合育人的方式,并针对现有活动不足之处进行改进。

2. 以毕业学生为对象开展的调查

对以高职大数据与会计专业毕业生为对象开展的调查结果分析得知,大部分的中小企业在招聘会计岗位人员时除了要求专业技术和相关证书外,对工作经验也比较看重。对于目前多数的毕业生来说,此方面的经验是较为欠缺的,这就增加了求职的难度。

从现有大数据与会计专业的课程设置来看,较为注重实用性课程的选择,较少或基本不设置单纯的理论性课程;在教材的选择方面,也主要以理实一体化的类型为主,所涉及的内容大多是企业真实经济业务。但是,大数据与会计专业需要实训的内容也非常多,如果不进行实践性操作,到企业中进行实地实习,学生就会对企业的生产经营过程缺乏感性认识,使得在校学习和企业的实际需求脱节,即使能够顺利入职,短期内也无法独立工作,需要老员工指导或需要进行培训,这对于中小企业来说是一种负担,因此也降低了毕业生的就业率。所以,高职大数据与会计专业深入地开展综合育人项目就显得非常重要，进一步加强校企合作，让学生能够在就读期间获得丰富的实践经验，能够较好地提升就业率。

3. 以在职教师为对象开展的调查

笔者共选择了25位高职院校大数据与会计专业的在职教师作为调查对象，有20位教师表示，校方所开展的以校企合作为主的综合育人项目在相关政策和法规保障方面是较为欠缺的。企业一方对于此类合作多表现得不够积极，相关合作政策也多由高职院校制订，且一旦在合作中出现利益方面的纠纷，也没有具体的法规、政策可参考。

4. 以中小企业为对象开展的调查

中小企业是高职大数据与会计专业毕业生就职主要面向的单位，对他们进行相关的调查，能够让我们更全面地了解校企合作的综合育人现状。因此，笔者通过走访、面谈等方式对长沙市的几家中小企业进行了调查。从调查结果来看，目前多数企业和高职院校的合作还仅停留在浅层面上，多依靠座谈会、学生参观等方式进行合作，当然也有少部分企业会安排一部分进入内部进行实习。但是，更深层的合作目前还比较欠缺，尤其表现在教师挂职锻炼以及校方参与企业员工培训等方面，究其原因，主要是企业从保护自己的商业机密来进行考虑，因为没有相关的政策和法规保障，所以企业对这部分选择直接规避。

（二）针对综合育人实践课程的调查

1. 实践教学的安排

笔者对所做调查进行梳理后发现，在对高职大数据与会计专业课程的实践教学方面，学生普遍评价不高，如表2-7所示，认为理论课多实践课少的学生占据了91.6%，认为当前的实践教学课程不能与会计岗位需求衔接的学生占据了88.7%，认为实践教学内容难度大的学生占据了51.3%，认为实践教学内容之间衔接性差的学生占据了31.8%，认为实践教学方式流于形式的学生高达82.3%。而对于"是否认为大数据与会计专业的实践教学存在不足之处？"这一问题，回收的有效问卷中，基本选择了"是"。

表 2 - 7　关于实践教学安排的调查表

选项（可多选）	人数	比例
理论课时多，实践课时少	88	91.6%
实践教学不能与岗位需求衔接	85	88.7%
实践教学内容难度大	49	51.3%
实践教学内容之间衔接性差	30	31.8%
实践教学方式流于形式	79	82.3%

关于实践教学安排这一方面，除了对学生展开调查外，笔者也对部分大数据与会计专业的教师通过访谈的方式进行了相关调查，多数教师认为学校能够认识到高等职业院校的育人目标是培养学生的职业能力，但在职业能力理解方面往往存在着一些偏差，多会将其与简单的操作技能或实践能力等同，而很少会关注学生的综合能力。另外，在实践教学方面，还存在着资金投入不足、设备老化等问题，不利于实践教学的开展。

2. 实践教学的学习情况

对于高职大数据与会计专业实践教学的学习情况，笔者设计了 4 个问题，面向学生开展了相关调查，如表 2 - 8 所示，对于"当前的实践教学是否能够满足能力培养目标?"这一问题，存在的分化比较大，答案基本集中在"基本满足"和"不能满足"两个选项上，其中选择"基本满足"的有31 人，占比 32.3%，而选择"不能满足"的有 48 人，占比 50.6%。结合以上数据，笔者认为当前大数据与会计专业的学生，对实践教学的认可度不高，与实际需求之间还存在着一定的差距，还存在着需要发现和解决的问题。

表 2 - 8　实践教学的学习情况调查表

选项	人数	比例
满足	9	9.5%
基本满足	31	32.3%
不能满足	48	50.6%
相差很大	8	7.6%

对于大数据与会计专业的学生来说，实践技能是非常重要的，在教学过程中需要在注重理论性知识的基础上，使实践技能与理论知识融会贯通，并在这一过程中培养学生的创造性思维和创新能力。因此，实践教学的内容需要与理论性知识具有良好的融合，否则不利于学生的发展。而在此方面的调查中，对于"您认为大数据与会计专业课程理论内容和实践内容融合的程度如何？"这一问题，认为"紧密融合"的学生有 21 人，占比 21.9%，认为"较为融合"的有 29 人，占比 30.2%，认为"一般"的学生有 41 人，占比 42.7%，是选择人数最多的一个选项，而认为"融合不紧密"的学生仅有 5 人，占比 5.2%。目前大多数高职院校的大数据与会计专业都能够让学生认识到实践的重要性，并且也对实践课程的内容和数量进行增加，但是从结果来看，形势还是不太乐观，从学生的角度来看，大多数学生都认为自身的实践能力仍然存在着不足。

除了以上相关内容外，笔者还在调查中了解到，有部分学生认为在会计技能的实践操作方面不够熟练，具体包括有：会计报表的编制、会计账簿登记和编制流程、会计电算化的软件系统操作等；还有一些学生认为学校目前开设的课程存在着欠缺，需要增加税务申报知识、大数据知识等。并且，一些高职院校的学生还认为本校大数据与会计专业所开设的课程在内容上有重复的现象。

3. 实践教学方法的运用

在开展实践教学时需要运用一定的教学方法，这些方法的选择对于教学效果的优劣有着直接的影响。以校企融合为主的综合育人教学，适合采用的实践教学方法有产教结合教学法、情景模拟教学法、项目教学法、案例教学法及任务驱动教学法等，在具体的教学过程中，可以将多种方法结合进行运用，来提升实践教学的效果。但是，从笔者所做的调查结果来看，此类教学方法目前在大数据与会计专业的实践教学中，尚未普及，具体结果如表 2 - 9 所示。

表 2 – 9   实践教学方法的运用调查表

选项（可多选）	人数	比例
产教结合教学法	22	22.9%
情景模拟教学法	78	81.2%
项目教学法	41	42.7%
案例教学法	68	70.8%
任务驱动教学法	9	9.3%

除此之外，对于"您认为目前的大数据与会计专业课程的实践教学方法是否先进，是否能激发您的学习热情？"这一问题，选择"是"的学生仅有 19 人，占比 19.8%，而选择"否"的学生则有 77 人，占比 80.2%。可见，绝大多数的学生都认为目前高职院校大数据与会计专业的实践教学方法比较老旧，不能够激发他们的学习热情。

4. 实践教学设施建设

如果想要在未来的就业大军中脱颖而出，那么就必须要将高职院校的教育特点——应用性和实践性充分体现出来，这就要求让学生多动手，多进行实践训练，而健全的实践教学基地设施建设是进行实践教学的先决条件。但是，受传统教育观念的影响，多数高职院校对于大数据与会计专业的实习培训并没有给予足够的重视，加之实习教学的设备和条件无法跟上大数据与会计行业的发展速度，从而对大数据与会计专业学生的实践培训质量产生了一定的影响。笔者通过调查发现，该专业的学生对学校的实践教学条件普遍存在着一定的不满，一部分学生觉得学校目前的实践教学条件很普通，只有极少数的学生对学校的现有实践教学条件感到满意。而大部分的学生对学校的实践教学条件感到不满意的原因如表 2 – 10 所示，主要表现在学校的实践设施和设备落后、实践场地面积较小和工位数量不足、职业氛围营造不够、会计电算化软件比较落后等方面上。

表 2 – 10　实践教学设施建设情况调查表

选项（可多选）	人数	比例
实践设施和设备落后	69	71.8%
实践场地面积较小和工位数量不足	28	29.1%
职业氛围营造不够	76	79.1%
会计电算化软件比较落后	18	18.7%
没有不满	11	11.5%

5. 实践教学师资队伍

教师是知识的主要传授者和学生的领路人，所以教师队伍的水平也往往对整体的教学水平具有至关重要的作用，想要提升高职大数据与会计专业的实践教学水平，提高师资队伍的质量是关键。但从目前的状况来看，虽然实践教学其他方面也存在着一些不足，但是最重要的是缺乏学科知识和实践技能均具备的"双师型"教师。如表 2 – 11 所示，针对教师教育观念与业务水平所做的调查结果显示，大多数学生都认为专业教师的教学"观念陈旧，教学能力一般"，且如表 2 – 12 所示，认为教师"教学态度一般，只有学生有问题才给予辅导"的学生也占绝大部分。除了以上问题外，在专业课教师的教学水平实践操作方面，如表 2 – 13 所示，有 56.3% 的学生认为自己的专业课教师"具有较高的教学水平但是实践操作能力不高"，仅有 23.9% 的学生认为自己的专业课教师"既具有较高的教学水平又具有较高的实践操作能力"，有 9.4% 的学生认为自己的专业课教师"教学水平不高，但是实践操作能力较强"，还有 10.4% 的学生认为自己的专业课教师"教学水平和实践操作能力均较弱"。而高职大数据与会计专业教师的教学水平和实操能力的不相协调，很大程度上也与教师的教育观念以及教师的教学态度有关。

表 2 - 11　教师教育观念与业务水平调查表

选项	人数	比例
观念先进，教学能力高	21	21.8%
观念陈旧，教学能力一般	56	58.3%
观念落后，教学能力不高	19	19.9%

表 2 - 12　教师教学态度调查表

选项	人数	比例
教学态度认真，教学准备充分，能对学生进行有效辅导	32	32.3%
教学态度一般，只有学生有问题才给予辅导	53	55.2%
教师对教学投入程度不足	12	12.5%

表 2 - 13　教师教学水平和实践操作能力调查表

选项	人数	比例
具有较高的教学水平但是实践操作能力不高	54	56.3%
既具有较高的教学水平又具有较高的实践操作能力	23	23.9%
教学水平不高，但是实践操作能力较强	9	9.4%
教学水平和实践操作能力均较弱	10	10.4%

第三节　高职大数据与会计专业综合育人存在的问题

一、专业教学存在的问题

当前，我国正处在社会经济发展和科技信息技术持续发展的新时期，在这种带动关系下，我国高等教育的教育教学模式也在发生着变化和发展。因此，我们要更加关注这一方面的问题，并加强指导，使其朝着更加合理、科学的方向发展。高职教育是当前我国高等教育发展中的一个突出环节，肩负着为社会提供高素质、应用型和技能型人才的重任。但从目前我国高职院校大数据与会计专业的教育发展现状来看，仍有诸多不足之处，而这些不足将直接影响到高职大数据与会计专业实践教学的效果。而高职大数据与会计专业的实践教学，可以说是综合育人的关键点，它对促进高校学生的全面和高素质发展具有十分重要的作用。从当前现状来看，高职大数据与会计专业的综合育人教学所存在的问题，主要表现为以下几个方面：

（一）教学方法陈旧

传统的教学方法主要表现为以教师为中心，教师的教学依据是教材，学生在教学活动中多处于被动地位。而在这种以教师为教学中心、以教材为主的会计教学模式下，学生往往无法对专业课程有一个全面的了解。这种教学方式不但不能帮助学生对会计知识进行接收与了解，还很可能会使他们失去对会计课程学习的兴趣与积极性。传统的教学方法教师演示以"黑板＋粉笔"为主，使得课堂上能够承载的信息量较少，而且教师授课的效果往往也比较差，在整个教学过程中缺少了一种立体的、形象的感官刺激，这就使得学生的学习热情很难被激发。虽然有一些高校在课堂中加入了一些现代的教学方法，如多媒体教学等，但也多流于形式，课件内容仍然简单、陈旧。大部分高职院校的大数据与会计专业侧重于学生信息的汇总、处理和报告的编制及人工做账等能力的培养，而这种培养方式只能提升学生做账的能力，不能给决策层带来更多的信息，缺少创新能力和对资料的分析能力。

（二）教学内容脱离社会需求

从古代起，人们就往往对文人怀有尊敬之情，这种思想也一直延续到今天，受此思想的影响，人们在开展教育活动的过程中往往更注重理论知识的传授，也常常以此类知识掌握的水平来评定一个学生学习能力的强弱。我国高职院校的办学模式多延续的是普通本科高校的模式，所以往往也表现出重视理论知识而忽视实践技能教学的态度，实践教学多作为一种补充或形式而存在，所以在具体开展教学工作时，教师更注重的是理论知识的传授，对实践教学的重要性认识不足。并且，在传统观念中大部分的人也都认为大数据与会计专业的学生毕业后走入的会计岗位所需要的也仅仅是一些基本的会计工作，所以他们能够学会记账、做账、编制会计报表就已经足够，这种认识显然已经脱离了当下时代背景下对于会计人才的需求。而从师资力量方面来看，许多大数据与会计专业的教师缺乏与本专业相关的实践经历，大部分都是直接从学校毕业后就走入了课堂来教导学生，这种企业实践经历的缺失导致他们对就业市场的需求不够了解，自然也不太清楚企业对于会计职业岗位人员能力的要求。所以在课程的教授过程中，理论知识课堂安排得较多，且通常内容过于深奥，与社会的需要相背离，也与会计岗位的实际需要相背离。

在教学过程中过于注重理论知识的传授，自然会忽略学生的实践能力，很多教师对学生实践操作的训练没有给予足够的关注，也没有认识到学生实践能力的重要性。教师通常会把更多的注意力集中在对教材进行简单的解释上面，给学生们灌输了很多关于财务方面的理论，但是却忽视了对他们实际工作中的技能的培养，也没有与学生们构建出良好的沟通、互动平台，所以很难调动起学生们学习的积极性，这就导致了大部分学生实践能力较弱现象的出现，在学生毕业走入会计岗位后，就会出现各种各样的问题。此外，因为多数高职院校的大数据与会计专业没有针对学生的实践能力进行训练，许多学生都是自己盲目进行练习，所以导致练习缺乏针对性，不利于培养学生的判断力和创造力。

(三) 教学教材内容落后

近几年我国经济的发展速度大大提升，且进入新时代后，社会对于人才的需求也发生了改变，而我国高职院校所使用的教材却多已不能与时代的变化相适应，存在滞后的问题。由于受到大数据与会计专业教材滞后性的制约，课堂教学在内容的组织上，通常也是以会计法规和会计理论的讲授为主，以实际操作为辅助，很少会采用与案例相结合的讲课方式。尤其是因为最近几年我国出现了大量的会计新业务，会计制度和会计准则也出现了巨大的变化。但是，所采用的教材却无法及时地进行升级，许多内容没有跟上目前的社会发展状态和趋势。

而这种现象除了表现在理论教材之外，也表现在实训教材上。当前，高职院校的大数据与会计专业所采用的实训教材，要么是从市场上购买的，要么是由学校教师自己编写的，但不管是哪一种，它们都相对滞后，无法全面地与现实中的会计业务紧密结合。而且，从内容的形式来看，大多数教材的内容都是以会计核算为主，因此，内容非常单调，很难完全适应学生的训练需求。除此之外，在教学中，由于过分强调计算机的主体作用，造成了学生在现实中面对有关会计职业判断方面的问题时，不知道如何解决。

二、课程设置存在的问题

（一）课程设置缺乏整体性

高职院校大数据与会计专业并不仅仅只有一个专业方向，随着市场经济的进一步发展，要求会计人才朝着技能型、复合型方向发展。更重要的是，高职院校大数据与会计专业人才培养要能够同市场发展相契合，所培养的会计人才要能够同本科院校、中等职业院校的会计人才具有一定的差异性。因此在专业设置方面，高职院校的大数据与会计专业人才培养要具有创新意识。目前，多数高职院校的课程设置还停留在传统的思维上，专业方向单一，面向的就业岗位单一，因此亟须改变这种状况。①

高等职业院校的课程结构和教学内容大致可划分为两个体系：理论课程体系和实践课程体系。但是，目前还有许多高职院校在划分课程体系时，还是会按照基础课、专业基础课和专业课的方式来进行，并未从知识的系统性、学科性、完整性的束缚中解脱出来，其所开展的课程仅仅是对中等职业学校或本科课程模式的一种改造。而高职院校大数据与会计专业的课

---

① 李小花．"1＋X"证书制度下高职院校会计专业人才培养路径研究［J］．华东纸业，2021，51（06）：104－106．

程设置通常会以教学目标作为基准点，并将教学课时作为参考。这就造成了一些高校在开设大数据与会计专业的专业课时，忽略了专业课的整体性与系统性。因此，也就造成了很多学生对专业知识的掌握往往一知半解，不能对各知识点间的关系和某一学科的框架结构产生一个完整而详细的了解。此外，一些学生自身并不会整理和总结所学的知识，学校在进行教学时，也忽视了对这一能力的培养，这样就不会取得理想的教学效果。如果学生自己不能将之前掌握的知识与后续课程中的新知识进行有效的融合，那么，所谓的职业教育也就丧失了其原本的含义，在很大程度上，对教学的广度和深度造成了一定的制约，这对我们目前的教学方式的创新和变革不利。

（二）实践课程存在不足

1. 实践课课时分配不均

在课程体系的设置上，我国高职院校在大数据与会计专业更加偏重传统会计教学内容的教学，例如会计电算化管理，出纳以及成本会计等方面的教学内容，没有结合综合育人的目的开展课程设置，也没有充分体现出大数据等相关信息化技术知识的学习。在现有的课程设置与课程体系教学下，学生只能够掌握一些简单的会计核算和分析工作，无法使用现阶段高速发展的智能化会计工作。一方面，理论课程也缺少相关知识的学习，大多数高职院校的学生缺乏计算机信息技术基础，在人工智能学习方面缺乏创新意识，不利于学生的长远发展；另一方面，实践课程大多设置在相关软件的应用等方面，既缺少最新的软件学习，也无法与学生的实际教学内容和社会对人才的需求方向相连接，导致课程设置不够完善。①

当前，在整个高等职业教育体系中，大部分的院校还不能够完全摆脱传统教学理念的影响，在教学的安排上仍以大数据与会计专业的课堂教学为主，所以学生在校的大部分时间中，都处在课堂学习的一种状态中。而

---

① 李小花．"1＋X"证书制度下高职院校会计专业人才培养路径研究［J］．华东纸业，2021，51（06）：104－106.

有利于提高学生综合能力、有利于积累经验的实践性教学，通常都是被安排在学期末的几个星期内，在整个学期的课时中仅占据了极少的比例。并且，在每个学期中的最后几个星期，学生们通常都会专注于期末考试的复习，所以他们会把注意力放在准备考试上，对于实践课通常都是应付了事，不够重视，以上种种导致实践课的教学质量与效果通常较差。此外，从教师方面来看，很多高职教师自己并没有实际的实践性工作经历，更有一些教师把实践课程看作是一个完全需要学生自己动手的过程，教师的作用仅是评价和监督。这些原因造成了教师在教学中不能很好地模拟出实践的过程，自然会影响教学质量，也让实践课不能达到课程的预期效果。

2. 缺乏优质的实践环境

优质的实践氛围是高职大数据与会计实践训练的重要支撑，主要涵盖思维环境和教学环境。

在整个实践教学课程实施过程中，思维是实践的基础。教师没有结合学生们自身的水平和兴趣去针对性地开设会计实践教学课程，更没有对课程进行专业的指导，这对学生无疑是百害无一利。同时，一些高职大数据与会计院校在实践培训方面仍然有缺陷。他们把大多数的人力、物力和教学资源投入基础设备建设上，虽然为学生打造了优质的培训环境，却忽视了主要实践功能，不利于学生的健康成长。

除此之外，高职大数据与会计专业的教学实践环境设施也存在着不足，主要体现在教学方式和教学设备的落后。我国高职院校多为地方性院校或新建院校，其中大多数是由原本的专科学校、职业技术学院和中等职业技术学院通过"改、补、并"等方式建立起来的。由于其自身的硬件条件相对薄弱，加之其属的高等教育体系正处于一个发展的阶段，因此，实训课程的建设与学校的整体发展就显得有些滞后。此外，地方性院校还会受到当地财力的制约，有的地区只有少量的教育经费，只能保证基本的理论课的进行，而无法保证实践操作课程的顺利进行。而目前的经费状况，已经很难保障实践教学的正常开展，也就没有多余的资金用于建设教学环境和设施，这些都会影响大数据与会计专业人才培养的质量。从专业自身的特征来看，大数据与会计专业中的几门关键技术课的授课，都需要相应的会计实训软件、校内外实训基地等来支撑，但是，目前多数高职院校都因为建设资金的缺乏，而导致实践方面的环境和设施建设相对滞后，会计实训软件缺乏仿真性，校内的实训基地形同虚设，发挥不出仿真训练的效果。

3. 实践实训活动薄弱

大数据与会计专业是一门理论性和实践性相结合的学科，特别是在新的人才培养目标的引导下，社会用人需求单位对高职大数据与会计专业人才的要求越来越高，比如要求学生具有高素质的会计实践能力。[①]

在大部分的高等职业院校中，都在校内设立了会计虚拟仿真实验室和校外会计实训基地。虽然在意识和观念方面，对学生的能力培养得到了更多的关注，但是，大部分高等职业院校在大数据与会计专业的实践中，所采用的教学方式主要还是以强化理论知识为主。例如让学生按照所给的财务项目填写原始凭证、编制记账凭证、登记账簿等，这些都属于最基本的和简单的会计工作范畴。在实践教学过程中，往往没有对学生的创造力进行重视，因此，在现实工作中，毕业生在面对特定的问题时，却不知道该如何去解决，这与企业对毕业生的需求存在着一段距离。

总的来看，目前大数据与会计专业的实训基地也是十分有限的，因此构建实训实验基地成为高职院校人才培养的重要环节。只有借助实训实验基地，才能够更好地提升职业人才的技术能力、专业操作能力，更好地为地区域经济建设做贡献。[②]

三、综合育人目标设定存在的问题

众所周知，综合育人目标是展开综合育人教育教学活动的根本依据，

---

① 李小花. "1＋X"证书制度下高职院校会计专业人才培养路径研究 [J]. 华东纸业，2021，51 (06)：104－106.

② 李小花. "1＋X"证书制度下高职院校会计专业人才培养路径研究 [J]. 华东纸业，2021，51 (06)：104－106.

因此在制定高职人才培养目标过程中，一方面是要求能够符合新时代国家对高职院校教育教学活动所提出的总目标，提升高职院校会计人才队伍的实践应用能力，并能够参与到地方经济建设中来；另一方面更要求高职院校能够立足于自身的办学定位、办学条件等内容，展开特色化的人才培养目标的制定。而目前高职院校大数据与会计专业综合育人的目标不够具体也没有特色。① 多数高职大数据与会计专业教学注重完成课堂上的理论学习，再通过简单的实习操作掌握基本的操作技能，期末通过笔试和会计模拟评定分数，再把初级会计证书考取下来，既要有毕业证，又要拿到职业资格证书，实现"双证"培养。主要存在的问题有：定位过低、过窄、缺乏前瞻性。主要体现在以下几方面：第一，过分强调理论的普遍性和指导意义。第二，培养目标中没有突出面向中小企业。第三，培养目标中没有突出专业能力。第四，盲目设专业。笔者认为问题存在的原因主要是，高职院校大数据与会计专业的培养目标仍然侧重于对学生核算技能的培养，既没有向财务分析、财务管理等与市场人才需求相互吻合的方向进行偏移，也没有结合大数据技术深化学生的信息水平教育，导致人才培养出现了较多的问题。② 目前我国大数据与会计专业的学生对会计报表的编制、账簿的登记以及会计事项的处理等方面具有较高的工作能力，然而在使用智能财税、大数据分析等方面还存在能力不足的问题，这就直接导致在财务分析以及管理决策等方面还有待提升，学生在走向工作岗位以后无法适应社会工作岗位，进一步使得综合育人缺乏实效。③

另外，现阶段高职院校大数据与会计专业的综合育人目标大多数定位于中小微企业，教学内容也集中于专业知识和技能的教授，职业道德的培

---

① 李小花."1＋X"证书制度下高职院校会计专业人才培养路径研究［J］. 华东纸业，2021，51（06）：104－106.

② 李小花."三高四新"战略下高职大数据与会计专业"1＋X"证书人才培养路径研究［J］. 中国管理信息化，2022，25（11）：231－233.

③ 李小花."三高四新"战略下高职大数据与会计专业"1＋X"证书人才培养路径研究［J］. 中国管理信息化，2022，25（11）：231－233.

育以及相关专业知识技能的培养。这个定位显然与当代社会对人才的需求方向相一致。然而高职院校在实际教学开展过程中则出现了一定的偏差，很多职业院校鼓励学生专升本，把升本率作为人才培养质量的唯一衡量标准，格外重视对学生知识理论的培养，将升本作为职业教育的终极目标，而非提高学生的专业技术水平。①

四、教师队伍建设存在的问题

高职院校大数据与会计专业人才的培养是以学生为中心。而当前高职院校大数据与会计专业教师队伍所呈现出来的主导性过强，教学创新性不高以及教师实践经验不足等问题，严重制约着会计学生对于各种会计资格证书的获取。且很多院校在双师型教师队伍的建设上还缺乏一定的优势，过分关注教师的理论知识而忽视了实践水平的培养，导致这种教学方式无法充分保障教学质量。因此，要想解决高职院校专业教师实践经验不足的问题，必须创建起一支"双师型"高素质的教师队伍，它有助于培养高职大数据与会计专业高素质人才，提高教师教学创新性和提升教师实践经验。"双师型"教师队伍的建设也是提高学生专业知识能力和人才培养质量的重要保障，需要高职院校在人才培养的过程中进一步完善教师的教学水平和专业能力，从而保障教学质量。

五、评价机制存在的问题

评价机制是否落实对高职院校大数据与会计专业各教学目标是否达成具有重要作用。

在高等职业院校中，对高职大数据与会计专业学生进行考核，主要应包括两个方面：一是理论考核，二是实践考核。理论考核的分数可以由书面形式得到。但是，对于实践技术的考核却比较困难，缺少了某种程度上

---

① 李小花．"三高四新"战略下高职大数据与会计专业"1＋X"证书人才培养路径研究 [J]．中国管理信息化，2022，25（11）：231－233．

的质量保障，大部分院校对于实践教学活动，并没有建立起一个标准的质量评价体系，因此，在对实践技术进行考核时，就表现得不够重视，这也影响了学生参与考核的态度，多以应付为主，最终导致他们会以其他方式获得毕业证书，让实践考核形同虚设，严重影响了学生在实践操作方面的能力，也无法实现实践教学的目的。在传统的高职院校大数据与会计专业人才培养评价机制中，由于并没有重视学生会计职业资格技能的掌握情况，因此所展开的人才培养评价活动也不够全面具体，仅仅是对学生的会计课程教学活动展开了单主体的评价管理，并没有进行多元化评价。

从目前高职院校人才培养过程中来看，还存在着考核评价机制较为单一的问题，导致与人才培养的要求缺乏对接性。在"1 + X"证书制度应用下的高职院校将职业等级证书作为衡量学生专业能力的一个重要标准，一方面，很多高职院校没有针对所有的学生进行综合考评，而是选择部分成绩相对较好的学生参与测评，从很大程度上忽视了专业证书的普适性。另一方面，在教学过程中，由于缺乏激励政策，在倡导学生考取资格证书的同时，也只是将证书作为学生评定奖学金的一个参考项目，这种考评方式既没有充分发挥出证书该有的效用，也没有结合社会人才需求对学生专业水平进行针对化的培育。①

① 李小花．"1 + X"证书制度下高职院校会计专业人才培养路径研究［J］．华东纸业，2021，51（06）：104 – 106．

第三章
"岗课赛证"融通理念下高职大数据与会计专业综合育人改革

第一节　高职大数据与会计专业综合育人基本情况

一、人才岗位需求结构分析

（一）企业目前的会计工作组织情况分析

调查显示，当前，我国多数企业对大数据与会计专业的学生的整体需求仍然存在，但从数量上看，需求量不大。因为会计岗位的人员流动少，所以公司在此岗位的招聘方面会严格控制数量，所以每一年招聘的人数都有限。而在对学历的要求上，出于节约成本的目的，当应聘竞争者之间的实力相差不大的时候，中小企业会更倾向于聘用高职毕业生，而对于那些拥有更高学历的人才，大型企业或集团企业会更感兴趣。由此可以看出，在当前阶段，高职大数据与会计专业人才的培养是与中小企业的用人需要相匹配的。

对近年来高等职业院校针对毕业生进行的职业发展跟踪资料进行分析后，笔者发现，大数据与会计专业的毕业生的就业情况具有如下特征：第一，从地理位置上来说，大部分毕业生就职的企业都以省内为主，像北上广深这样的大都市，却很少有高职毕业生去选择。第二，在就职的企业类型方面，中小型企业占比最多高达88%，大型企业占比为7%，选择其他职业的占比为5%。第三，在工作岗位方面，毕业生第一次进入会计岗位时，他们一般都是在从事如成本核算、收银员和会计核算等此类较为基础性的工作，在毕业3到5年时间里，他们的职业生涯轨迹变化不大，而在毕业5年以后，他们的升迁比例也相对较低，只有9%左右。从以上数据分析中可以看出，高职院校大数据与会计专业的毕业生，就业方向以各省内的中小企业为主；在职业的自我成长方面，大部分毕业生从事的都是最基本的、技术含量较低的工作，经过几年的成长后，他们的自我成长也相对平庸。从这一点上我们可以看到，大数据与会计专业毕业生自身的入职门槛比较低，而且他们的后劲也比较弱，这也反映了在当前教育活动中，对人才能力的培育存在着缺失。

（二）企业对于会计人才的需求情况

1. 技能要求

对于会计岗位的技能要求，前面进行过分析，即使从全国范围内来看，各种企业在这方面的要求也相差不大，对于会计人员的基本要求是需要持有会计证书。此外，结合当前信息时代和数字技术广泛应用等特征，用人企业对会计岗位人员在计算机和软件应用、互联网、移动互联网等方面的应用能力都有一定的要求。如需要会计人员能够熟悉电子商务、互联网金融平台、计算机会计电算化平台等的相关操作等。此外，近年来国家狠抓税务，相关的政策也在不断地进行调整，所以，用人单位对于会计岗位人员在税务政策的熟悉度以及税费的计算与申报等方面的技能均有比较高的要求。

2. 素质要求

进入互联网时代之后，企业会计所面临的工作环境也在不断调整，可以说是瞬息万变。而关于财会工作的很多方针、政策的信息，都会在互联网上进行提前的预告，政策调整的内容以及审核也会在互联网上进行呈现。因此，企业对于会计的要求就是具备大数据与会计专业的敏感性并且会通过互联网获得信息，对于会计政策以及专业发展有一定的前瞻性判断的能力。而一些与互联网"绝缘"，只懂埋头展开工作的会计工作者在企业中则并不是那么受欢迎。

针对这样的素质需求，在调研过程中发现，目前高职院校的会计毕业生不具备相应的能力和素质，企业即便是展开引导，还是很难培养入职的会计人员的能力与敏感度。而在会计的技能方面，企业普遍反馈的是，作为中小型企业来说，会计的人员数量有限，因而对于人员"一专多能"的需求比较高，会计需要学会通过软件来提升自身的工作效率，完成更多的工作。企业还希望会计人员在岗位上的学习能力比较强，这样才能够应对互联网时代大数据与会计专业本身专业性技能、技术的不断发展。从企业的需求可以看出，现在的企业对于会计人才的综合素质要求比较高。企业希望会计人员在入职的时候就能够基本独当一面，且在日常的工作中能够通过自主性的学习不断提升，从而在专业上达到更高的水平，并且通过保持对互联网的敏感性增强个人的学习能力和专业能力，而这些都是目前高职院校大数据与会计专业人才培养所缺乏的。

3. 会计人才职业能力的需求分析

会计行业直接与社会经济的发展相关，经济发展的速度越快，社会中各种行业对会计人才的需求就会越大，会计人才的作用就越显著。而当前我国的经济就处于快速发展的势头中，对会计人才的需求也在不断增加。随着社会经济的迅速发展，各行各业的发展不可避免地会伴随着企业对会计、出纳和审计等方面人才需求的增加，这也为大数据与会计专业的学生提供了更为广阔的就业前景。然而，当前我国各种类型的企业和公司对于会计基础职位的人员的需求已经接近于饱和，他们迫切需要的是具有高学历、丰富经验、较强的管理能力、高素质和高创造力的会计人才。

在知识经济时期，随着资讯科技和电脑科技的不断发展，电脑逐渐取代了人类的简单和重复劳动，其中也自然包括了会计工作。随着我国经济社会的发展，会计信息系统的自动化、智能化程度日益提高，能准确、高效地完成传统常规性人工会计核算工作。随着会计软件的日益流行与更新，基础的会计工作逐渐被计算机与网络技术所取代。因此，当下许多企业以及未来会计岗位，对人员的需求重点将放在完善与企业的收益相关的筹划、计划和设计等与企业整体发展相关的经济管理工作上。在当前的社会和市场形势下，会计工作者应该具有创造性地开展和完成会计工作的能力，跳出常规和传统习俗、书籍等的约束，运用创新的思维，有目标地去解决问题，快速、科学、富有创造性地作出财务决策，从而保证公司的资金安全、增值和高效运行。

二、课程建设情况

2021 年 3 月，教育部印发《职业教育专业目录（2021 年)》（以下简称《目录》)，新版《目录》将高职会计专业调整更名为"大数据与会计"，调整目的在于适应数字经济时代社会发展对岗位需求的变化。[①] 大数据时代，在新思维、新技术与方法的转变面前，会计从业人员必须适应思维模式及数据处理模式的改变，所以在大数据与会计专业职业能力的教育培养中，一定要添加新的内涵。然而，在发布《目录》时，我国还没有发布新的专业目录的教学标准，因此，对于大数据与会计专业的课程如何进行建设，各个高职院校也都处于积极探索的阶段中。

当前，大部分高职院校的大数据与会计专业所采用的教学方法和模式依然在沿用本科教育的模式，以学科化和模块化的知识结构为特点，在培养模式和课程体系中往往存在着"重理论轻实践，重知识轻技能"的特点。毋庸置疑，虽然传统的会计专业课程体系也注重相关专业知识、技能以及素质等各个方面的培养，但它的特点是学科式的、知识模块式的。要解构和重构传统"知识型"的专业课，必须转变以"专业知识系统"为单位的教学思路，以职业岗位"任务模块"和与之对应的职业技能等级为建设思路，构成"能力单位"的专业课。

三、师生竞赛情况

（一）大数据与会计专业以赛促学现状

《国家教育事业发展第十二个五年规划》（教发〔2012〕9 号）中指出，

---

① 邢海玲，吴景阳，贾心淼，等．澳大利亚 TAFE 模式本土化实践与大数据与会计专业课程建设探索［J］．北京经济管理职业学院学报，2021，36（03）：68 - 74.

要"办好全国和地方、行业、学校各个层次的职业技能大赛，并把职业技能大赛成绩作为高一级学校招生的重要依据"。2021年，中共中央办公厅、国务院办公厅联合印发了《关于推动现代职业教育高质量发展的意见》，明确要求深入推进职业教育改革，加快构建现代职业教育体系，弘扬工匠精神，到2035年，职业教育整体水平进入世界前列。①

由于技能比赛倡导"以赛促学，以赛促练，以赛促教，以赛促改，以赛促建"，技能竞赛越来越受到学校和社会的关注。通过技能大赛不仅可以展示职业教育的创新成果，提高院校知名度，深化职业院校的教育教学改革，而且可以推动产教融合、校企合作，促进人才培养与产业发展的结合。因此，技能竞赛与常规会计教学融合的改革显得尤为重要。

湖南省充分响应国家教育改革政策的号召，结合本省的实际情况，以教育部门为领头人统筹各相关部门共同助力职业教育的发展，开展教育"楚怡"行动。其中，学生取得教育厅主办的技能竞赛（省级以上）一等奖是建设高水平学校与专业群的必要条件。② 笔者所在的湖南信息职业技术学院（为论述方便，以下表述为我院）也积极参与了教育"楚怡"行动，包括大数据与会计专业在内的多个院系都参与到了教育部门所举办的竞赛活动中，也取得了较好的成绩。参与竞赛能够有效地提升大数据与会计专业参赛学生的综合素质，因为其既会对学生的专业基础知识和基础技能进行考核，也会考核学生的创新精神、团队精神以及与专业相关的现代技术的应用水平。

（二）我院大数据与会计专业师生参加技能竞赛的现状调查及存在的问题

1. 我院大数据与会计专业学生参加技能竞赛的现状调查及存在的问题

（1）现状调查

笔者采用资料收集、问卷调查、个别访谈结合的方法，统计我院大数

---

① 朱晓蓉. "竞赛—能力—就业"路径的高职会计专业教学改革探索与实践［J］. 当代会计，2018（04）：67-68.

② 陆珊，张葆华，王彦杉. 湖南环境生物职业技术学院会计技能竞赛现状［J］. 教育教学论坛，2022（47）：41-44.

据与会计专业学生近三年参加省级 A 类竞赛（教育厅主办）参赛人数，统计情况如下表 3 - 1 所示。

表 3 - 1 我院大数据与会计专业学生近三年参加省级 A 类竞赛人数统计表

年份	2021	2022	2023
学生总人数	978	836	797
参赛人数	28	32	32
参赛人数占比	2.86%	3.83%	4.02%

从表 3 - 1 所示数据中我们能够看出，在 2021 年、2022 年和 2023 年中，参与省级竞赛的学生人数虽然逐渐在上升，但是最高纪录也没有达到全体学生人数的 5%。2021 年，我院大数据与会计专业生源数量减少，减少的原因是当年新开设了大数据与财务管理专业，招生计划作了局部调整。参加竞赛的人数发生了变化，这是由于教育厅对赛项设置的调整，赛项难度逐年增加，参赛人数的比例总体呈下降的趋势。而参加竞赛的人数较少主要有两点原因：其一，多数竞赛会对参与的人数进行限制；其二，我院没有做好与竞赛有关的统筹协调工作，在如何利用少数竞赛让更多学生参与这方面有所欠缺。

而从我院大数据与会计专业参赛学生的获奖情况来看，如表 3 - 2 所示，一等奖和二等奖获奖人数是稳定的，但是从整体比例来看，至 2023 年出现了下降。

表 3 - 2 我院大数据与会计专业学生队伍近三年参加省级 A 类竞赛获奖情况统计表

年份	一等奖	二等奖	三等奖	获奖队伍占参赛队伍占比
2021	1	2	3	85.71%
2022	1	2	4	87.50%
2023	1	2	2	62.50%

我院学生在大数据与会计专业技能竞赛中的成绩总体保持稳定但略有波动：2021 年到 2023 年，一等奖的获奖队伍保持不变，参赛队伍获奖占比

从 85.71% 上升到 87.5%，三等奖数量增加了 1 个；2022 年到 2023 年学生人数减少，优质的参赛选手也减少，在所有赛项中有一个赛项派了三支队伍参赛，但是获奖的只有一支队伍，因为只是单纯增加了参赛人数，而在参赛学生的综合素质上考虑欠缺，所以获奖率降低。

总体来看，我院学生在大数据与会计专业的技能竞赛中，所取得的成绩还是比较优秀的，究其原因主要有四点：第一，招生质量逐渐有所提升，参与竞赛的通常都是学生之中的佼佼者，所以能力也逐渐在提升。第二，校方积极响应政策号召，对于参与技能竞赛越来越重视，并制定了一些有利的奖励措施，用于激励参赛的师生，如对获奖教师给予丰厚的物质奖励和职称评定加分，对获奖学生给予评优评先优待等，这大大提升了教师和学生群体中的优秀者参加技能竞赛的积极性。第三，学院积极探索"岗课赛证"融通，将职业技能等级标准与专业教学标准、培训内容与专业教学内容、技能考核与课程考核三者融通，使院校及时将新技术、新工艺、新规范、新要求融入人才培养过程，倒逼专业主动适应科技发展新趋势和就业市场新需求而进行"三教改革"。通过竞赛提升了学生的专业技能，实现了"以赛促教、以赛促学"的目的，落实了"三教改革"，实现了"岗课赛证"综合育人。在日常教学过程中，针对比赛知识点，大胆改革课程授课内容，陆续增设了"投融资管理""大数据财务分析""智能财税""成本核算与管理""管理会计基础"等课程，指派青年教师承担课程授课，通过教师水平的提高快速带动学生竞赛培训效果，实现短周期、高效率的培养质量。第四，校方延长了针对参赛学生所开展的赛前培训时间，最初的培训时间为 1 个月，现已变成了 4～6 个月，充分保证了学生竞赛技能的训练实践，对提升参赛学生的水平大有助益。除了以上内部原因外，外部机会的增加对我院技能竞赛成绩的提升也有一定的帮助，如行业竞赛数量不断增多，为学生们提供了更多的锻炼机会，让学生们的参赛经验变得更为丰富。且除线下的多种助力因素外，线上参赛资源的增加让学生们获取资料的方式变得更为多样，对于难题也可以随时在线上查找资料或与其他人进行讨论，这也提升了学生们的竞赛水平。

（2）存在的问题

①学生参赛的积极性不高

从近三年的参赛情况来看，2021年和2022年的参赛名额由竞赛指导教师指定，没有进行公开的选拔。2023年采取的则是公开报名考试选拔的方式，但是报名参加的学生数量却并不多。通过对大数据与会计专业学生进行的系列调查发现，在参赛学生中，主动参赛的学生也并不多，有89%的参赛学生是在教师的要求下参加的比赛，而对于未报名参加竞赛的学生，有75%左右的学生表示是觉得自己的能力不足，参赛也不能够取得好的成绩。

②参赛学生选拔机制不健全

从近三年的整体情况来看，学生的参赛资格的判定方通常为竞赛队伍的指导教师，而教师在选拔时多依靠自己的主观经验进行判断，缺乏明确的选拔机制的指导，导致整个选拔过程缺乏全面性、客观性和公正性，所以，选拔出来的参赛选手的综合水平就不能够保证是学生中最高的。参加技能竞赛的学生是全省范围内各高校的佼佼者，如果我院的参赛学生的水平在我院范围内不是最高的，也就难以在更大范围的竞争中具有优势，而这种个体水平的限制是很难依靠训练等方式去获得突破的。

在针对竞赛选拔机制所做的调查中，有90%左右的学生认为在全院范围内进行笔试和实践技能结合的考核，而后再加入竞赛指导教师的意见，会更加公平、公正。笔者认为，让全体学生均参与选拔，而后再由院方相关教师和竞赛指导教师组成的小组进行筛选，确定最后的参赛人选，这种方式更为科学。而除了专业知识和技能的考核外，还应注重参赛学生是否具有良好的品质，如学习的积极性、自我学习的能力、团队精神等，这些在竞赛过程中都能起到关键性作用。

③课程与竞赛内容融合度低

针对现有课程体系设置和竞赛内容的融合方面，笔者所做调查显示，在参加竞赛的学生中有81%都认为平时开设的课程与竞赛内容联系不大，课赛融合的程度较低。另外，大部分的参赛学生都认为竞赛的难度较大，设置的内容更趋向于综合性知识的考察，且涉及的内容非常细致，而平时课堂上传授的内容与之相比则非常简单，在实践技能方面也缺乏足够的训练。竞赛涉及的知识面广，包含了注册会计师考试内容。这部分知识难度大，平时在课堂上教师并不将此作为讲授重点。随着大数据技术的广泛应用，大部分赛项都融入了新知识大数据Python，对大数据与会计专业学生来说是一个挑战。有些赛项考查的内容非常细致，需要熟练掌握各门课程的知识并进行综合分析，对学生的实践操作技能要求较高，而在课程教学中并未涉及过多的实训模拟操作。在如何提高竞赛成绩方面，参赛学生希望能够在课堂教学中加入更多与竞赛内容相关的知识，并增加实践操作课程的课时，提高教学水平。建议学校购买与竞赛相关的模拟训练软件，在日常学习中多进行模拟训练，缩短竞赛和日常学习之间的差距，以提升比赛成绩。结合以上参赛学生提出的建议，笔者认为在竞赛成绩不佳这一方面，院方缺乏与竞赛内容能够融合的软、硬件条件也是较为主要的原因之一。在日常的学习中，学生没有条件进行与竞赛相关的训练，缺乏实战演练平台，实战技能训练不足，自然会影响竞赛的成绩。

2. 我院大数据与会计专业教师参加技能竞赛的现状调查及存在的问题

（1）现状调查

在新时代背景下，信息技术的运用能力变得更为重要，尤其是大数据技术，其覆盖范围越来越广泛，对于会计行业的影响也越来越大，这也为大数据与会计专业的教师的实践技术能力提出了更高的要求。只有自身具有较高的先进技术的运用水平，才能够胜任教师这一职务。而参加竞赛就是提升教师综合水平的有效途径之一。

笔者采用资料收集、问卷调查、个别访谈结合的方法，统计我院大数据与会计专业教师近四年参加省级A类技能竞赛（教育厅主办）参赛人数，统计情况如下表3-3所示。

表 3 - 3　我院大数据与会计专业教师近四年参加省级 A 类技能竞赛人数统计表

年份	2019	2020	2021	2022
专任教师总数	21	21	21	21
参赛人数	4	4	—	4
参赛人数占比	19.05%	19.05%	—	19.05%

注：由于疫情，2021 年赛项暂时取消竞赛。

赛项包含业财税融合和大数据管理会计应用能力两个子赛项，参赛人数少，是由于竞赛规则限制了参赛人数，每个子赛项最多两位教师参赛，因此参赛人数稳定为 4 人。

我院大数据与会计专业的教师 2019—2022 年参加技能竞赛获奖情况如表 3 - 4 所示。

表 3 - 4　我院大数据与会计专业教师近四年参加省级 A 类技能竞赛获奖情况统计表

年份	一等奖	二等奖	三等奖	获奖人数占参赛人数占比
2019	0	2	1	75%
2020	1	0	2	75%
2021	—	—	—	—
2022	1	0	3	100%

虽然赛项难度逐年加大，但是参赛获奖率稳步提高。一等奖获奖人数保持稳定，参赛人数保持不变，总体获奖比例呈上升趋势。我院教师在技能竞赛中取得这样成绩的主要原因有以下三个方面：其一，学院高度重视职业技能竞赛，秉承新商科大教育的理念，营造"以赛促教、以赛促学、以赛促改"① 的浓厚氛围，鼓励教师积极参加比赛；其二，学院开创"传、帮、带"的引领模式，打造创新团队，让有经验的教授指导青年教师参赛，在一代一代的"传、帮、带"中带动更多"技能新星"的出现；其三，坚持落实立德树人根本任务，做"四有好教师"，全面提升教师的思想道德素质和专业技能能力，融入多学科要素，培养具有社会责任、专业素养、实践能力、创新精神、国际视野的高素质应用型商科人才，成效显著。

---

① 刘祖应. 探究技工学校技能竞赛与常规教学的有效融合 [J]. 职业，2021 (07)：21 - 23.

（2）存在的问题

①教师参赛意愿总体偏低

由于竞赛内容范围广，专业知识难度大，备赛时间短，教学任务重等因素，中年教师普遍参赛意愿不强。

②教师面临转型的压力大

由于"业财税融合暨大数据管理会计应用能力赛项竞赛"中，赛项包含业财税融合和大数据管理会计应用能力两个子赛项，其中要运用到新技术大数据 Python，这对于会计专业教师既是机会也是挑战，教师面临的转型压力大，要积极学习新技术才能应对课程改革的压力。

（3）参赛心得总结

笔者曾参加 2020 年的竞赛，在竞赛中颇有感悟，竞赛主要选取了与教学关系更紧密的教案设计环节和专业技能操作环节，希望参赛者借助于这些经验结合"以赛促学、以赛促教、以赛促改"的理念，不断地提升自己的水平，同时为学生的成长提供更多的助力。

通过对教案撰写环节进行分析，笔者发现，目前多数教师的教案都存在着一些问题，主要有以下四方面的表现：其一，原创教案较少，多数教师的参赛教案都存在着套用模板的问题，并非针对大数据与会计专业而进行的设计，大部分只是更改了一些专业相关内容，在别的专业中，也同样适用；其二，教案中的创新内容过少；其三，对于教学过程的设计缺乏逻辑性；其四，从教案中体现出来的教学手段来看，普遍较为单一，大部分都没有涉及师生互动的环节。

实践能力的强弱决定了教师的实践水平的高低。在大赛设置的专业技能操作环节中，出现了分值差距较大的现象，主要影响因素为做题准确率和做题速度，体现出大数据与会计专业的教师在这些方面的水平差距是较大的，整体水平还有待提升。

通过举办"教师专业技能竞赛"，明确了高等职业院校大数据和会计专业教学的发展趋势，并对专业的教学模式和课程设置的改革提供了指引。通过参加技能竞赛，可以帮助大数据与会计专业的教师对自身的教学理念和教学方法进行更新，有利于整体师资队伍专业素养的提升和教学质量的提高，可以促进高职大数据与会计专业的师资力量不断地向好的方向发展。

3. 我院大数据与会计专业教师教学能力比赛的现状调查及存在的问题

（1）现状调查

为加强职业院校"双师型"教师队伍建设，推进教师、教材、教法改革，促进教师综合素质、专业化水平和创新能力全面提升，湖南省教育厅每年举办的职业院校教师教学能力比赛是提高教师职业技能水平的有效方法之一。

2018—2022年我院参加了湖南省举办的职业院校教师教学能力比赛。笔者采用资料收集、问卷调查、个别访谈结合的方法，统计我院大数据与会计专业教师近五年参加省级教师教学能力比赛（教育厅主办）参赛人数，统计情况如下表3-5所示。

表3-5　我院大数据与会计专业教师近五年参加省级教师教学能力比赛人数统计表

年份	2018	2019	2020	2021	2022
专任教师总数	20	20	21	21	21
参赛人数	3	3	4	4	4
参赛团队	1	1	1	1	2
参赛人数占总人数比例	15.00%	15.00%	19.05%	19.05%	19.05%

根据比赛相关规定，2018年和2019年文件规定只能3位教师以团队形式参赛，2020—2022年则可以以4人团队参赛。可以看出，参加竞赛团队数稳步上升，虽然赛项难度逐年加大，但是参赛人数占总人数的比重也逐渐加大。

我院大数据与会计专业的教师在2018—2022年参加教师教学能力比赛获奖情况如表3-6所示。

表3-6　我院大数据与会计专业教师团队近五年参加省级教师教学能力比赛获奖情况统计表

年份	一等奖	二等奖	三等奖	获奖率
2018	0	0	1	100%
2019	0	1	0	100%
2020	1	0	0	100%
2021	1	0	0	100%
2022	1	1	0	100%

注：数据来源于2023年学校内部统计数据。

由表 3-6 可知，获奖等级呈逐年递增趋势，从 2018 年三等奖突破到 2020 年一等奖；获奖团队数呈递增数量，一等奖 2020—2022 年连续三年保持稳定，获奖数量呈上升趋势。我院教师在竞赛中取得的成绩主要原因有以下三个方面：其一，我院高度重视教师教学能力竞赛，坚持以国家、教育部相关文件精神为指导，落实省教育厅关于竞赛的具体指导意见。我院坚持"以赛促教、以赛促研、以赛促改、以赛促建"的总体思路，引导教师以立德树人为根本任务，推进"三全育人"，深化"课程思政"建设，引导学校师生持续推进国家教学标准落地，深化产教融合，积极探索"岗课赛证"融合育人模式，创新发展线上线下混合式教学模式。① 其二，我院具有教学改革的动力，引导各专业全面建立常态化的教学工作诊断与改进制度，持续深化"三教"改革，促进职业教育数字化转型升级，推进高水平、结构化教师教学团队建设，推动示范性教学，促进学校课程建设和"双师型"教师成长。其三，我院不断加大对教师教学能力竞赛的投入，制定专门竞赛方案，邀请专家打磨作品，加大经费投入，举全员之力服务竞赛团队。大数据与会计专业骨干教师主动担当，积极组建团队奋战比赛一线，勠力同心、全力以赴，精心备赛，反复打磨比赛作品。

（2）存在的问题

其一，课程改革难度大。随着人才培养方案、人才培养质量评价以及国家新的课程标准等一系列相关政策的出台，职业教育要持续推进"三全育人"，深化"课程思政"建设，对传统课程进行改革，从人才培养方案、课程标准、教学内容、教学实施等方面进行改革。目前，大数据与会计专业在重构课程体系、开发新型课程、更新教学内容、研发课程教学实训案例等方面还存在与产业技术不同步的问题，② 未能深入将国家职业技能大赛标准及全国大学生创新创业大赛标准融入课程模块。以课程为载体，通过

---

① 陆文灏，魏婕. 教学能力大赛视域下职业教育教学改革实践探索——以高职《汽车电气系统检修》课程为例［J］. 汽车与驾驶维修（维修版），2022（06）：34-37.
② 曹元军，李曙生，卢意. 高职产业学院"岗课赛证"融通研究［J］. 教育与职业，2022（07）：50-54.

教师教学能力比赛，重构课程体系，从而促进"三教"改革，达到"以赛促教、以赛促研、以赛促改、以赛促建"的目的。此项改革工作难度非常大，改革的成效也直接影响教师教学能力比赛的成绩。

其二，课赛融通不深。多数教师在参加比赛后认为竞赛的内容要难于平时授课的内容，主要表现为：竞赛内容涵盖面更为广泛，考核的内容也更为细致；而在日常教学中课程设计则简单很多，相对来说教学资源更为薄弱。两者之间存在着较大的差距，融通程度还处于浅层面上。因此，大数据与会计专业需要对课程内容进行改进，加深其与竞赛内容的融通深度，尤其是在实践课程的内容设置方面。学校可以根据比赛内容制作教学视频微课、编订教程教材、制定相关课程标准或教学大纲、优化现有实训模式和实训内容。专业群以大赛为引领，与现实岗位需求对接，开设职业技能竞赛、创新创业技能等专项限选课程；引入学徒制企业，以企业真实业务为载体，以技能大赛竞赛规程、技术文件为核心，以校企"双导师"队伍为支撑；按竞赛模块标准开设实践课程，持续挖掘整理竞赛模块所包含的技能点，优化实操手册、讲义、视频和音频等学习资源，满足实操和竞赛需要。同时，专业群服务教学和竞赛要求，应加强实训基地建设：在校内建立财经商贸共享实训基地；与行业龙头企业共建全流程生产性产教融合实训基地。

（三）技能竞赛成绩难以取得突破性进展的原因

1. 没有将"以赛促改"职业教育理念真正地融入教学管理系统中

湖南省教育厅组织大数据与会计专业技能竞赛，就是要把会计行业的新规定、新核算方法引进到赛事中，让各院校能够对企业的会计工作流程、知识、技能和新的发展趋势等有更多的认识，让校方了解会计行业对人才技能的新需求，进而推动院校教学内容、教学方式的改革，培养出高素质的职业技能人才。[①] 然而，从当前的现状来看，我院虽然对于参加竞赛具有

---

① 陆珊，张葆华，王彦杉. 湖南环境生物职业技术学院会计技能竞赛现状 [J]. 教育教学论坛，2022（47）：41-44.

较高的积极性，但是更看重的是通过比赛所获得的荣誉，而没有结合比赛内容推动课程内容的改革，没有领会"以赛促改"理念的核心内容，也违背了技能比赛举办的本意。

首先，对"以赛促改"这一高职教育思想的理解深度不够，在思想层面上没有给予足够的理解和足够的关注。目前，我院参与技能竞赛的宗旨比较简单，主要集中于对参赛学生进行技术培训提升他们的专业水平上，而并非借助比赛来提升全体学生的技术水平。没有针对省内竞赛而在院校范围内举办任何比赛，参赛学生也均由本校教师结合自身意愿进行挑选。为了提升比赛的效果，学校对参加比赛的学生进行了全封闭式的训练，而剩下的学生，则没有参加训练活动，导致并不是所有的学生都能够从技能比赛中获益。无论是校方还是大数据与会计专业的负责人，都对举办技能竞赛和参加竞赛的真正目的缺乏理解，教育部门积极举办竞赛，是为了能够贯彻"以赛促改、以赛促学"的精神，推动院校结合比赛内容改革课程，将职业教育的精神与教学活动深度融合，进而让所有的学生都能够受益。

其次，虽然校方表现出来的态度是较为重视竞赛的，但实际上更重视比赛的结果，而不重视比赛的过程。伴随着我国对高等职业教育关注度的不断上升，从教育部到各省的相关部门，甚至在各高职院校的内部，专业技术比赛的开展如火如荼，整个会计行业和各企业对技术竞赛的重视程度也越来越高。然而，从校方的态度来看，一般都只关心比赛中的学生能否获得冠军，而不太重视技能竞赛的整个过程，因此并没有真正地完成技能竞赛"以赛促学、以赛促教"的举办目的，与技能大赛引导职业教育教学改革的终极目标也相去甚远。

最后，对"以赛促改"的职业教育理念认识不足。高职院校应把这些思想融入教学改革和实践，不断地推进高职院校的教学和管理体制的改革，推进高职院校的课程体系和教学模式的创新，推进高职院校的学生成长和教师培养。由于观念落后和执行不力等原因，我校"以赛促改"工作并未取得预期成效。当前我国高职院校的会计专业在教学内容上仍然以会计核算为主，而忽略了基础技能的培养。有些课程的设置具有重复性，与基础技能相关的课程课时过多，而与技能相关的课程课时设置过少。整体课程体系的设置不够科学，部分比赛相关的内容没有在正常的课堂上进行融合。由于忽略了对会计人员专业素养的教育，导致了应届毕业生的心理状态不佳、团队合作意识淡薄等问题出现。此外，在以往的大赛中，各高校往往更青睐经验丰富、成绩突出的优秀领队教师，而不愿对新任教师进行重点培训，易导致"断层"现象出现，与"以赛促教"的目标相去甚远。在辅导的过程中，没有与企业或产业中从事一线会计职业的工作人员相联系，师生们不能理解企业的实际需求，在实际操作能力方面严重欠缺。

2. 对高职学生市场定位不清，缺乏课赛融合的课程体系与教学计划

高职院校与普通高等院校的显著区别就是育人目的的区别，而当前无论是我院还是省内的其他高职院校，对自身的育人目的还不够明晰。从大数据与会计专业的育人目标来说，是为了培养社会所需求的会计人才，他们在走入工作岗位后从事的是一种服务性质的工作，对象是企业和社会。但是，现下绝大多数的企业还存在着缺乏综合水平较高的应用型会计人才的现象，而高职大数据与会计专业的毕业生则也面临着求职难的问题。之所以如此，很大程度上就是因为高职院校大数据与会计专业毕业生对所面向的就职企业的实际需求并不真正清楚；制定教育目标时，也没有将市场需求纳入到核心之中，更缺乏"以赛促改"的职业教育思想，致使的实际需求大数据与会计专业的课程体系设置和教学工作的开展欠缺合理性和科学性。

其一，偏重理论性知识的传授，且课程的设置范围过广。本专业开设的课程既多又杂乱，没有明确的侧重点，理论性知识过于丰富，实践技能课程又明显不足，忽视了高等职业院校的办学特色和学生的实际需求。实践技能教育的缺失，导致学生的专业技能掌握不到位、学而不精、缺乏职业特色、缺乏职业实践能力，不能够凸显出高职院校学生的应用型和技术型特征；没有体现出职业教育在专业技术能力培养上的优势，造成了教学资源的浪费，培养的毕业生无法满足企业的用人需求。

其二，课堂的教学内容与竞赛内容的结合程度不高。在课程设置上，

未能充分照顾到学生参加竞赛的需要，进而对参赛学生的成绩产生一定的负面影响。因为课程内容和比赛内容的交叉性较弱，学生平时的学习内容与竞赛内容的差距较大，导致参赛学生的知识库不够丰厚，这既表现在竞赛基础知识方面，也表现在竞赛高级知识方面。竞赛基础知识属于竞赛的必拿分，为了保证这部分分数能够顺利被获得，必然要加强此方面的训练。而整个备赛的时间是有限制的，在基础知识部分花费过多的时间，就意味着在中、高段知识上面能够分配的训练时间则会大大被减少。而这部分分数通常是比赛中拉开分数距离的关键，缺乏此方面的积累，往往就难以取得较好的竞赛成绩。

其三，课程设置不够科学，理论与实践联系不紧密。实践课程主要以学生完成课后作业为主，而且一般都是安排在整个学期的最后阶段进行，并未真正做到理论与实践的紧密结合。实践课程和核心技术课程的课时太短，不能真正地反映出高职教育注重职业技能的内涵。

3. 教学模式老旧，缺少"理实一体，赛项融合"的现代教学模式与配套设置

虽然目前如虚拟技术等新科技的运用让教学方法变得更加多样化，但受到资金等方面的影响，我院仍然在采用较为传统的多媒体教学方法进行教学，不能将竞赛内容与教学有机地结合起来。课堂教学中，理论教学与实践教学相分离，教师只讲理论，因此学生学习的积极性也不高，学生的实践技能也表现得较弱。而从实践技能的学习方面来看，实训教室、实训基地等方面的建设还不够完善，进行实训训练的相关软件也未紧跟市场需求。同时，我院更多注重的是线下的教学和训练，对网络技术利用不充分，如未充分利用网络教学平台和竞赛实训平台来提升学生的实际操作能力等。造成比赛内容不能与教学相结合，从而制约"以赛促改"的开展。

4. 学生参与度低，缺乏有效的学生考评激励机制

技能比赛具有竞争性质，它体现的是一种高水平的技能学习，对参赛学生的水平要求相对较高，同时需要具有很强的业务能力和很高的综合素质。正是因为如此，学生们会觉得竞赛的难度较大，所以很多学生都不敢

参加。针对于此，我院有必要建立一个健全的、科学的考评系统，客观、全面、多元地评价学生的学习能力和综合素质，而后结合考评结果，采取精神和物质结合等方式，对表现优秀的同学进行奖励，使学生能够更具有学习的主动性和积极性，使学生整体的水平得以提升，再从中选拔出佼佼者参加技能竞赛，以期能够使竞赛成绩得到突破性的进展。

四、专业技能证书情况

（一）"1+X"证书制度

新技术的快速发展，给高职院校大数据与会计专业带来了一定的冲击，其主要来源于部分会计工作可以被财务机器人、智能会计所取代的思想。所以，在新时代背景下，大数据与会计专业人才培养方案必须融入会计行业各种新兴的技术，做到主动适应新技术与新环境。[①]"1+X"证书制度的提出是基于1993年推行的"双证书"制度，"双证书"制度推动了我国职业教育改革进程并留下了许多宝贵的实践经验，但"双证书"制度最终与经济社会及职教发展不再适应，至此，"1+X"证书制度应运而生。[②]

《国家职业教育改革实施方案》（以下简称《方案》）提出，职业院校自2019年起开启"学历证书+若干职业技能等级证书"制度试点工作，即"1+X"证书制度试点工作。"1"与"X"是紧密结合的两部分，"1"是基础，指学历证书，"X"是提升与拓展，指若干职业技能等级证书，"1+X"证书制度鼓励学生在学校完成基础的专业知识的学习取得学历证书的同时，依据自身情况自主选择考取职业技能等级证书，学生考取的职业技能等级证书并不仅限于其本专业，也可以是跨行业、跨专业群的各种职业证书，通过学习、考取"X"证书以提高职业院校学生的劳动技能、职业素

[①] 张优勤，周清清. 高职院校大数据与会计专业"书证融通"的实践探索——基于"1+X"证书制度 [J]. 现代商贸工业，2023，44（02）：213-215.

[②] 周健珊. "1+X"证书制度视域下中职学校会计事务专业人才培养模式研究——以广州市财经商贸职业学校为例 [D]. 广州：广东技术师范大学，2022.

养，为其未来的就业、创业提供更多的选择性与可能性。①《方案》的提出，为职业院校的改革指明了方向：加强知识教育与实践教育的结合，使学历证书与技能证书相融通，以校企合作的方式来培养学生，提升毕业生的综合素质，持续为社会输送复合型高质量技术型人才。

2019 年 10 月，教育部公布的第二批"1＋X"证书——智能财税职业技能等级证书正式开始试点。而后，第三批的财务共享职业技能等级证书、业财一体信息化应用职业技能等级证书等也开始试点。这些证书为大数据与会计专业的技能人才培养打开了一个全新的局面。②

与大数据与会计专业相关的职业资格证书可以分为两大类：第一类是会计类职业资格证书，包括初级会计师证书、初级审计师等；第二类是经济类职业资格证书，包括 ERP 证书、初级经济师证书。同时，某些与所求岗位对口的职业资格证书是上岗的必备条件，如银行从业资格证书、保险从业资格证书等，如果不具备，将是获得相应职位的最大障碍。各类证书考试的通过率从一定程度上反映了该专业教学成果与学生职业水平。

（二）"1＋X"制度给高职大数据与会计专业传统人才培养模式带来的挑战

在推进"1＋X"证书制度的过程中，高职院校需要改革创新专业培养模式，进一步推进专业建设、课程建设、师资队伍建设。实施"1＋X"制度对高职院校大数据与会计专业人才培养模式的影响主要体现在以下几个方面③：

第一，对人才培养目标提出了具体要求。新时代背景下大数据与会计专业人才培养要与时俱进，人才培养是开展教育教学活动的根本依据。因此在制定人才培养目标时，既要考虑国家相关政策，使培养目标符合国家

---

① 周健珊．"1＋X"证书制度视域下中职学校会计事务专业人才培养模式研究——以广州市财经商贸职业学校为例［D］．广州：广东技术师范大学，2022．

② 张优勤，周清清．高职院校大数据与会计专业"书证融通"的实践探索——基于"1＋X"证书制度［J］．现代商贸工业，2023，44（02）：213－215．

③ 李小花．"1＋X"证书制度下高职院校会计专业人才培养路径研究［J］．华东纸业，2021，51（06）：104－106．

关于高职院校人才培养发展方面的总目标，又要立足各高校办学实际情况，制订具有特色亮点的人才培养目标，提高实践应用能力，服务地方社会经济发展。

第二，对人才培养专业设置提出了新要求。随着高职院校大数据与会计专业人才培养朝着技能型应用型方向发展，人才培养要符合市场经济需求，对接地方经济产业链发展。因此，人才培养专业设置要与时俱进，具有一定的创新性。目前，多数高职院校在人才培养教学改革中，还停留在传统的专业设置思维，专业方向单一，就业面窄，人才培养与市场需求贴合度不够，因此，亟须改变这种状况。

第三，对高职大数据与会计专业人才培养的实践课程设置提出更高要求。高职院校的专业课程体系是人才培养中的重要内容。"1＋X"证书制度下高职院校大数据与会计专业人才培养，要求学生在获得学历证书的同时还能够掌握多个职业技能证书，这就需要对高职院校大数据与会计专业进行课程体系重构，包括对教材、教学方法、教学实践课程的创新设置。目前，多数高职院校大数据与会计专业在课程体系设置中，理论课程较多，实践课程较少，校内外实践基地较少，实训平台跟不上，实训模拟软件单一，因此，亟须改变这种状况。

（三）"1＋X"制度下大数据与会计专业人才培养需要解决的问题

1. "书证融通"缺乏系统的设计

2020 年教育部联合多个部门共同启动了"1＋X"证书制度，为了让制度能够顺利推行，相关部门在政策上给予了足够的支持，保证了试点工作的规范有序开展。但是，在一些高等职业院校的大数据与会计专业的实际操作中，"书证融通"采用的是在整个课程体系中增加一门新的实践课程的方式来实现：集中设置一段集训时间（通常为 1～2 周），以考取证书为目标，以刷题的方式进行强化培训，让学生通过"1＋X"的考试，进而获得与会计行业有关的"1＋X"职业技术等级证书。这些课程增加的目的是让学生能够考取到证书，所以在课程的设计上，主要是根据考证的内容来设计的。尽管这些内容与大数据与会计专业的人才培养方案的课程内容存在一定的联系，但二者之间缺少了一种系统的融通设计。在培养目标、标准、内容、教学评价等方面不能真正地融为一体。这种以获得证书为主要目标的课程设计方式，难以将高素质的会计高职教育与"1+X"证书体系真正融通，也不符合大数据时代下高素质会计专业人才的培养要求，更不利于"1+X"证书的含金量和社会、企业对其的认可，也就失去了实施"1+X"证书制度的意义。

2. "书证融通"缺乏一整套配套的措施

"1+X"证书"书证融通"并非一种简单的融通，不能通过单一的方式来实现，而是要有一系列的辅助措施来配合。目前来说，高职院校在推行此制度时，尚未形成一套完善的配套方案。

首先，在组织的管理和制度保障上还需要进一步强化。虽然目前已有关于"1+X"认证的相关管理规定，但由于认证的类型日益多样化，某些规定在执行时难免会产生一定的偏差，很难确保"1+X"认证体系的质量。另外，还有一个重要的问题就是资金的保证，与会计专业其他需要考取的证书相比来说，"1+X"证书的成本要高得多，所以，"1+X"考证的资金应该怎么保障，这也是一个迫切需要解决的问题。此外，会计"1+X"证书的内容一般反映了会计行业的前沿技术与规范，但是会计实践课程的硬件与软件条件却大多落后于时代，这对大数据与会计专业"1+X"证书的推广造成了很大的影响。

其次，二级学院在执行"1+X"认证制度的时候，还会遇到很多实际性问题，例如，如何优化大数据与会计专业的人才培养方案，如何优化课程体系，如何根据本院校大数据与会计专业的特点构建相应的协同教学模型，等等。

最后，从实施"1+X"证书教学的专任教师来讲，他们必须对与"1+X"证书相关的课程有很深的了解。然而目前这方面的教师还比较缺乏，大部分教师虽然对理论性课程和普通技能较为熟知，但他们对与"1+X"认证相关的新技术、新知识、新环境还不太了解。在新的教学情境下，采用的教学方法也需要进行完善和优化。

第二节 "岗课赛证"融通理念下的综合育人改革

一、"岗课赛证"融通理念的内涵

职业教育是一种与普通教育并驾齐驱的教育。职业教育相对于一般教育而言，具有职业性、技术性、应用性等特点。近年来，高职教育的特色育人模式在"岗课对接""工学结合""学徒制"等领域进行了积极的探索，但是目前还面临着一些实际问题。"岗课赛证"一体化教学，是我国高职院校通过积极探索和实践，总结出的一种与我国当前经济发展需要更相匹配的能够有效提升职业人才综合素质的教学模式，其在技能体系、教学方法以及教学评价等方面，均具有灵活、多样等特征。结合当下"企业无人可用而高职院校毕业生无职可入"的现状，高职院校需要将企业需求作为教育改革方向的指引，将"岗课赛证"一体化教学模式作为核心，以提升毕业生的职业能力为导向进行教学改革，来解决企业用人需求和高职人才培养之间的矛盾现象。

在"岗课赛证"四合一的人才培养模式中，"岗"指的是"岗位"，是专业学习的终点，反映了市场经济条件下企业、机构对会计人才的规范要求；"课"指的是课程，是专业教学活动的中心，对专业人才的培养起着至关重要的作用；"赛"指的是比赛，是一种对专业能力进行考核，对教学质量进行考核，提高教学质量、培养学生核心竞争能力的一种有效方法；"证"指的是"资格证"，是从事会计职业的敲门砖，具体包括了学历证书、会计技术资格证以及其他与会计职业相关的各种等级证书，虽然有时候资格证并不能够同真正的能力挂钩，但是也能够从侧面体现持证者的专业水平。

所以，"岗课赛证"四合一人才培养模式的建立，就是要把会计工作所需的社会专业能力作为指导，把与会计工作有关的各种证书所对应的知识、技能、素质作为衡量标准，并在各个层次上建立起各种专业技术比赛和技能比赛的平台；将全方位、渐进式的课程教学作为其核心内容，以财务会计与管理会计工作内容为目标，系统地构建大数据与会计专业的教学体系，从而达到会计高等教育与职业能力要求的有效衔接。

二、"岗课赛证"融通综合育人问题

（一）"岗课赛证"的生成逻辑不一致，融合难度高

1. 岗的生成逻辑

岗代表的是岗位，在这里来说就是职业岗位的需求，具体体现在对人才数量的需求和所具备的技能需求两方面。对人才数量的需求与社会经济和科学技术的速度、组织模式等因素相关。所需具备的技能需求可分为基础需求和技能需求两方面，基础需求包括年龄、学历等方面的需求，技能需求包含了求职者的工作经验、综合素质和技术能力等，均属于该岗位需求的核心内容。而将具体的岗位需求用文字的形式表述出来，就是岗位的标准体系。《企业标准体系要求》中对岗位标准体系的界定是："企业为实现基础保障标准体系和产品实现标准体系有效落地所执行的，以岗位作业为组成要素标准按其内在联系形成的科学的有机整体"，这也是岗位标准体系的基本产生逻辑。[①] 岗位需要的是具有岗位职业能力的从业者，这种职业能力是一种综合性的能力，既包含了岗位需要的理论知识，又包含了实践操作能力；而这一综合能力可以通过教育过程获得，也能够在进入岗位后不断地通过工作实践而提升。

2. 课的生成逻辑

课代表课程，在这里具体是指高等职业院校为了培育职业人才而开设的课程，是院校开展育人活动的基本形式和改革的主体。课的内涵主要有

---

① 马玉霞，王大帅，冯湘. 基于"岗课赛证"融通的高职课程体系建设探究 ［J］. 教育与职业，2021（23）：107 – 111.

以下两个方面的内容：其一，对育人目标、教学内容及教学活动的策划与设计；其二，将教学计划、大纲、教材的内容与执行过程综合起来，其具体表现形式就是"课程体系"和"课程标准"。高职院校的课程改革已经成为高职院校教学改革的一个重要内容，且在改革不断进行的过程中，形成了与普通高等教育体系截然不同的"课程体系"和"课程标准"，具体表现为注重学生能力的培养，注重学生应用性技能的提升等。在课程体系的具体构建过程中，将学生作为教育的主体进行考虑，除了满足学历教育的基本要求外，还注重学生综合素质的提升，使其不仅能够具备岗位职业所需要的知识和操作技能，还需要具备职业道德等精神层面的素质。

3. 赛的生成逻辑

赛代表职业技能竞赛，是举办方以国际所发布的职业技能标准为准则，以当前经济发展状态下企业对人才的需求为参考，与职业岗位的生产经营和管理需求相结合，将考核职业技能作为主要内容的一种竞技性活动。其面向的主要对象是专业相关人群，如该专业的学生和教师等。它强调职业化、竞赛化，是专业水平的最高标准，具有示范和标杆的作用。它的出现是以行业的高质量发展为基础，并结合了社会人力资源的实际需求，目的是要标示出职业岗位技能的最高标准，并以此来引领相关人员不断提升自身水平，形成一种积极、竞争的良好风气。

4. 证的生成逻辑

证代表的是与岗位职业相关的证书，通常是职业的敲门砖，有职业资格证书和职业技能等级证书两类。前者包括入门级和等级评定级两种，在申领者通过考试后，由国家相关部门颁发。职业技能等级证书的颁发单位是职业技能鉴定机构，反映的是申领者的职业技能水平，表现的是一种综合性的职业能力。而无论是哪一类证书，面向的对象均为有就业需求的学生。它的内容和标准在开发过程中，会以职业岗位或岗位群的从业人员必须具备的专业知识、职业技能和职业素养等为标准，并同时参考与行业相关的最新技术、新工艺、新规划和新要求等，是一个职业岗位所需具备的基本技能或不同层级技能的代表，具有极高的专业性，且具有市场化特点。

通过以上的具体分析我们可以发现,"岗、课、赛、证"的这四个要素之间具有较为显著的差异性,具体表现在面向对象、负责组织、生成逻辑、基本特征、价值导向等方面。这些差异性的存在,也使它们的执行标准、具体过程和评价维度也呈现出了较大的不同,使这四种要素之间的融通难度变得更大。

(二)"岗赛证"内部体系复杂,去芜存菁难

1. 岗位标准缺乏权威性和统一性

目前,我国各职业岗位所执行的标准通常由企业结合自身需求而制定,一般包括了培训规范、工作标准、操作规范及员工手册等。而不同企业之间的需求存在着一定差异性,一个企业所制定的岗位标准并不一定适合其他企业,且因为制定方为企业而非国家机构,所以自然也不具备权威性。而从"1 + X"证书体系来看,其技能等级标准的设计均以岗位需求为基础,制定方为国家机构,与企业岗位标准之间缺乏统一性,企业对其的认可度也有待提升。

2. 职业技能竞赛的体系十分复杂

从当前职业技能竞赛的等级来看,包含了比较多的类型,如世界级竞赛、国家级竞赛、省级竞赛、市级竞赛甚至是校内竞赛、企业竞赛等。对于竞赛证书的认可,行业和社会主要集中在较大规模的赛事上,如世界级技能大赛、国家级职业技能大赛和省级技能大赛等。另外,由行业协会举办的竞赛人们也较认可。虽然职业技能竞赛的规模众多,但是质量却参差不齐,有些竞赛具有很强的权威性,颁发的奖状或证书也具有较高的含金量,而有些竞赛则形式大于内容,颁发的奖状或证书也不被行业或企业所认可。除了以上问题外,一些竞赛的内容设计也存在一些问题,尤其是一些小范围内的竞赛,因为一些软硬件条件的限制,往往更注重与职位相关的基本性知识和技能的考核,并没有纳入行业最新技术和最新需求等方面的因素,参加此类比赛只能够巩固基本的专业知识,对技能水平的提升并无助力。

3. 职业证书体系的调整变动较大

国家对职业资格证书实施规范化管理，相关部门分步取消水平评价类技能人员职业资格，推行社会化职业技能等级认定。在人力资源和社会保障部2021年1月发布的《国家职业资格目录（专业技术人员职业资格）》中，仅保留了59项专业技术人员职业资格证书，其中准入类33项、水平评价类26项。而与此对应的是，"1＋X"证书制度试点工作快速开启并逐步推广。2019年2月至2020年12月，教育部"1＋X"证书制度试点工作共确定447种职业技能等级证书进行试点，涉及348个培训评价组织。证书新旧交替，变化较大，在融通过程中对于证书的选择存在困难。①

（三）教学要素多样化，教学实施难

1. 教学目标层次化

高职院校扩大招生规模后，学生的构成更加多元化，使高职院校的教学生态出现了变化。而以培养综合应用型技能人才的使命，又需要高职院校在设计专业课程内容时，不但要能够体现出学历教育的特征，同时还要考虑专业所面向的企业和社会对人才的知识和技能需求。而生源的多元化就决定了他们在学习需求、知识储备等方面会存在很大的差别，"岗课赛证"融合的课程体系在提升学生适应能力方面存在困难。所以，高职院校就需要根据生源多元化的特征和自身的使命，建立起具有灵活、高效，且能够满足多元化学生不同个性需求的层次化教学方案。

2. 教学情景多样化

高等职业教育的目标是培养同时兼具专业知识、职业技能和职业素质的综合型应用人才。这一教育目标决定了课程体系的具体设置方式，课程体系又指导着教学情境的设计。虽然目前多数高职院校的育人目标是明确的，但因为地理位置、经济条件等方面的限制，高职院校在教学的软硬件条件等方面的滞后，都对课程体系的设置产生了一定的影响，使目前的课

---

① 马玉霞，王大帅，冯湘. 基于"岗课赛证"融通的高职课程体系建设探究［J］. 教育与职业，2021（23）：107－111.

程体系存在着一定的局限性。"岗课赛证"融合的课程体系，以对接岗位为目的，虽然不能够忽略理论性知识的教育，但更重要的是对学生所需要的岗位技能进行训练，所以需要提升这方面的条件，尽可能地让教学情境与真实的岗位工作情景接近，加强教育活动开展的真实感，缩小学生在校学习与真实岗位工作之间的差距，才能够让学生在毕业后尽快适应岗位工作。基于此，高职院校就需要对自身的软硬件教学条件进行优化，包括师资力量、实训场地即实训设备和软件等，同时，学校的管理方式也需要进行革新。

3. 教学评价多元化

在"岗课赛证"融通的前提下，高等职业院校在对专业课程的内容进行整合时，必须将岗位的技能需求、职业竞技比赛的内容以及职业证书标准充分考虑进去，真正实现四者的融通，而这种整合方式也就决定了，针对课程而开展的评价需要多方参与，使评价主体和评价结果呈现出多元化的特征。然而，从现状来看，作为主要用人单位的企业，对参与教学评价的积极性和主动性均较低。即便有了规范的考核制度，也没有得到很好的落实，而且，在学校层次上，学分之间的转化机制还没有健全，在"岗课赛证"融通后，因为课程学习、研究和参赛的侧重点不一样，很容易出现矛盾，很难建立起一个健全的教学考评制度，也很难找到一个正确的考评方向。

三、"岗课赛证"融通综合育人案例

"岗课"融通职业教育课程建设的一种重要方式，《国家职业教育改革实施方案》提出要把"教学过程和生产过程对接"，并将其作为职业院校课程规范设置的重要依据。"岗课"融通，就是指根据产业和工作岗位的培养和训练标准，对工作岗位的内部需要进行科学的剖析，把不同的工作岗位对理论知识、操作技能和职业素质的要求融合到高等职业院校的课程体系中，以项目引领、任务驱动、工学交替等方式，让高职院校的课程内容能够真正与岗位标准融会贯通，让学生能够在在校接受学历教育期间，也能够同时掌握职业岗位工作所需要的各种专业性知识、操作技能和其他职业素质。

在"课赛"融通中，技能竞赛的竞技项目和标准紧密对接产业岗位需求与技术需求，具有前瞻性和引领性，是高职院校课程改革的"风向标"。"课赛"融通，就是将职业技能竞赛与高职人才培养计划的课程体系有机地融合在一起，将职业技能竞赛的项目内容、操作规范以及评价方式等与高职院校的日常课程和教学相融通，让教学活动不仅能够与行业的规范和标准对接，还能够达到行业的较高标准和水平。在两者完全融通的情况下，通过高职院校教学工作的开展，学生不仅能够掌握职业岗位所需的所有知识和技能，还能够提升职业荣誉感，使人才的综合素质得到全面提升，进而提高高等职业院校的人才培养质量。比如，常州工业职业技术学院通过将竞赛训练与实践教学相结合、竞赛评价标准与实践教学标准相结合等方式，形成了"单向能力训练＋综合能力训练＋创新能力训练"的三位一体式的实践教学体系；金华职业技术学院将大赛资源进行碎片化、项目化改造，建立了基于大赛项目的网络学习课程，同时将大赛评价融入课程体系，实现以赛促学、以赛代考。由此可见，"课赛"融通的价值体现在两个方面：一是在课程内容上拓展创新能力，培养职业自信；二是在课程评价上引领带动，形成人人争先的技能学习环境。①

"课证"融通，就是指要找到二者的契合点，并依据技能等级证书、职业资格证书或专业教学的要求，对人才培养计划进行合理的调整，使与专业证书相关的培训内容同专业课程相结合。在日常教学中，需要融入考取证书所具备的理论知识、实践性技能以及证书要求的其他素质，在进行考核时需以能够取得证书为标准，让学历证书可以真正与职业技能等级证书融合。证书是对工作水平的一种量化评价，它有低级、中级和高级三个层次，从这一特征出发，在日常教学所采用的课程体系中，也需要结合证书

---

① 马玉霞，王大帅，冯湘. 基于"岗课赛证"融通的高职课程体系建设探究 [J]. 教育与职业，2021（23）：107－111.

不同层次的水平，使层次逐渐增加。而从证书本身来看，其与产业组织模式以及生产技术有着密切的联系，它可以灵活地进行调整，而且它的周期很短，并且由于它本身就是一个完整的模块，因此，当它被转换到课程中的时候，必须保留它相对独立的模块特征。当对认证标准和内容进行调整的时候，可以对个别课程模块进行有针对性的调整，以增强职业教育课程的技术先进性和对行业的适应能力。例如，深圳职业技术学院的华为"课证共生共长"模式，以企业职业能力为导向，在课程体系中引入华为认证体系，构建了"分段""分类""分层"的"三分"课程体系，专注于职业能力和职业素质精准对接企业需求的"七维能力"培养，实现了高职学生"低进高出""人人出彩"的跨越。①

四、"岗课赛证"融通综合育人改革的措施

（一）构建"岗课赛证"融通课程体系的方案设计

1. 以基于职业能力成长的理念厘清"岗课赛证"的融通逻辑

以职业能力为基础的课程体系设计符合高等职业院校的育人目标，有利于学生心智技能、策略能力、迁移能力和可持续发展能力的培养。职业能力是一种复合性的能力，除了职业技术能力外，还包括了心理能力，如分析能力、判断能力和理解能力等。本耐和德莱福斯等提出了职业能力的初学者、高级初学者、有能力者、熟练者、实践专家五个发展阶段理论，对各个时期的专业能力进行对比，明确从"初学者"到"实践专家"所必需的过程和必要条件，是对高职教育进行教学设计的一个重要基础，也为高职院校的课程体系设计和教学改革提供了理论依据。因此，以"岗课赛证"融通为指导，以人才培养为基础，重构课程体系才是有利于学生职业能力成长的教育方式。在对毕业生从新手到骨干的成长历程进行总结的基

---

① 马玉霞，王大帅，冯湘. 基于"岗课赛证"融通的高职课程体系建设探究［J］. 教育与职业，2021（23）：107－111.

础上,对与之相适应的典型岗位、职位和职务进行分析,将其分为了新手阶段、胜任阶段、熟练阶段三个阶段。从中提取出职业知识与技能、方法与能力、职业素养等方面的需求,并遵循职业能力发展的规律,按照从基础到综合、从单一到复合的原则来构建学生的学习领域,并进行学习培训项目的设计,以职业能力成长为基础,重新构建起一套以职业能力成长为基础的课程体系。

"岗课赛证"融通的根本逻辑在于:依据企业岗位技能、竞赛项目、证书标准等三个因素的共同特点与内部关联,将高校的课程作为载体,形成一张由企业岗位技能、竞赛项目、证书标准等构成的有机体的知识与技能网,并以职业化发展为线索,纵向或横向地结合起来,从而对传统的知识链中出现的技能缺失与操作脱节加以补充。从"岗课赛证"融通的总体逻辑架构来看,其基本目标是为行业发展提供更多支持,而"岗"既是"赛""证"之源、根据,又是其价值取向、意义之所在。所以,"岗"就是人才培养的一切依据,也是人才培养的终点,也是四种要素融通的基础。证书融入课程体系提高了人才培养的针对性,证书的考取具备教育知识检验和从业资格认定的双重功能。"赛"作为人才培育的最高标准,对整个四要素的融通具有导向作用和示范性作用。作为人才培育的主要载体,课程又是"岗课赛证"协调的媒体与成果的可视展示。

"岗课赛证"融通的根本原理来自岗位的职业规范与工作流程,是对行业技术各层面、各朝向的融合与贯通。在"岗课赛证"协同指导下,"源于岗""立足岗""服务岗"是高职院校专业课程内容改革的逻辑起点。根据职业资格标准、专业技能竞赛标准,并考虑到学生将来的发展需要,以专业人才的培育为切入点,以工作技能之间的逻辑关系为切入点,以与职业标准及工作流程相衔接为基础,编写与学生的认识及职业发展规律相适应的课程内容,使之与学生的职业道德、职业技能及岗位能力相结合,将专业认知与专业意识相结合,从而达到以岗定学的目的。寻找适当的专业课程为载体,依据证书的规范与培养制度,实现"课证"合一,以"1 + X"

证书为例，把教材中的章、节、知识点与工作任务、领域、技能点相对应。选取关键突破口，对竞赛的项目内容进行教育性的转化，从而构成一个课程模块，对竞赛的资源进行项目化转化；从而构成一个教学资源，并将其融入专业的课程教学之中。"证赛课"互相联通，学生可以以比赛的形式替代其所修的专业科目，并按照比赛的要求及结果给予其相应科目的分数，拿到该科目的学生也可以直接得到学分。

2. 以分层次多场景的教学模式赋能"岗课赛证"课程体系的实施

在针对各种生源的基础上，根据各种学生的学情、学习能力和学习目标等具体情况，展开分层教学、分类指导、分标准考核，这是高职院校进行教学和教学改革的必然途径。在此基础上，以岗位需求作为学生能力的成长标准，对学生的各项素质进行全面考核，同时积极开展特长班、创新班和"双创"俱乐部等创新培训，使学生形成互助合作的学习方式，拓展学生的创新能力和综合能力。以个体化的分类考试为课程体系实施的主要保障，对竞赛得奖情况、职业素养的综合评价，岗位实践项目的标准化与专业化，以及获得证书的情况等均被列入课程的全面评价中，用定性评价来代替定量评价，强调一种过程评价，以及评价的差异性和分层化，从而建立起一套更为高效的评价系统。近年来，我国的科学技术发展速度加快，一些先进的技术在各领域中的运用程度也在逐渐加深，教育领域是与国家整体发展密切相关的领域，自然也涵盖在其中，如模拟技术、仿真和虚拟技术等在教育领域中也成了一种较为常见的技术，为教育工作的开展增添了助力，使教学方式和情景变得更加多样化。将这些先进的技术与互联网等信息技术融合，对传统的教学方式进行赋能，从而创造出具有更高体验度的可视化学习环境。利用信息技术，将学校和企业之间的教学联系起来，并对学校和企业之间的交互式远程教学方式进行探讨，如借助于网络平台，打破高职院校和企业之间的空间限制，构建各种具有智慧性的交互课堂，如网络课堂、无线互动课堂、VR 虚拟课堂等。借助于这些技术所需要的设备，能够让学生沉浸式体验职业场景，全身心地进行理论和实践技术的学习，并且，在学习的过程中，以岗位所需的各种标准来进行要求，将严谨实用的职业素养培养融入进去，如果遇到一些实际操作难以展开的难点和重点，可以与虚拟仿真实训系统相结合。以虚拟模拟、游戏化关卡等方式进行身临其境的参与，使学生充分了解工作中需要的专业知识及专业技能。同时，还可以对学生的学习行为进行记录，从而对其进行智能规划，制订出一套个体化的教育计划，有针对性地对学生开展个性化培养；从分析不同学生的不同特点入手，有针对性地提升他们的学习动力，提高有限时间内的学习效率，形成自主、个性化和泛在的学习方式。

（二）"岗课赛证"融通的高职大数据与会计专业综合育人实施框架

1. 创建基于工作过程的模块化课程体系

总的来看，课程设置可被划分为三个平台：基础教育、专业教育及素质教育。其中，基础教育平台具体包含了公共基础模块、学科基础模块及职业能力模块。专业教育平台具体包含了专业基础模块、职业岗位模块、职业方向模块和职业拓展模块。素质教育平台具体包含了公共选修模块和社会实践模块。三个平台，九个模块，与学分制结合，模块下的专门课程按照会计工作的需要来补充和更新。

在三个平台中，重点是对专业教育平台的细化。在满足基础会计工作条件的基础上，可筛选出毕业生主要面向的典型岗位，如出纳、会计、审计、管理等（见表3-7）。对典型岗位群进行管理，展开工作任务分析，对主要工作任务以及完成这些工作任务所需要具备的知识、能力和品质进行明确，再对主要工作任务进行整合，按照学生的认识和职业发展的规律，对其进行逐步的改革。除此之外，还可以设置诸如理财咨询、银行会计等就业方向模块，以凸显学生的专业专长；设置诸如企业管理、市场营销、资产评价等就业拓展模块，以扩大学生的就业空间。对特定课程的教学，应该从工作岗位的需求出发但按照高于岗位需求的标准去设置，而不是从仅能够满足工作岗位的基本需求出发，在模块中设置必修和选修两类课程，以便给学生提供充分的个人选择的空间。在课时分配上，将课内外教学有机结合起来，在第一课堂中，注重对基础理论的重视，注重对课程实验的研究，对学生的理论知识和基本技能进行夯实。在第二课堂中，对素质拓展和专业实训进行重点关注，对学生的实践能力和创新意识进行提升。在第三课堂中，注重对知行合一的认识，注重对综合实践的关注，丰富学生的职业体验。

2. 注重"双证制"下课程的兼容性

高职院校大数据与会计专业的学生在校期间，可以考取初级会计证、初级审计师证、初级经济师等职业证书。为了让学生在校期间既能掌握专业知识，又能考取职业等级证书，因此，在课程结构设计、教学大纲编制、课程设置等方面，都要尽量符合职业证书考试的时序和内容，教学实例和练习都需要参考职业证书考试的辅助教材，让学生在日常学习中能够开展针对性的练习，而在对学生进行考评时，可以采用"以证代考"或者学分互认等形式。这不仅可以激发学生们对考试的热情，还可以增加他们的考证通过率。

3. 突出"以赛强技"的项目特色

除了带领学生经常参加国家、省级等类型的比赛外，校方也可以经常举办各种具有较强专业特点的技能比赛，例如：会计基础技能比赛，会计知识比赛，会计信息处理技能比赛，以及各种财务实务比赛、财务管理案例解析比赛等活动。诸如珠算、点钞以及小键盘输入等会计基础技术比赛，可以与银行柜台人员的职业需求相匹配，它的重点是对学生的动作速度和精度进行测试，以考查学生对所学理论知识的了解和运用为重点，符合有关职业资格证书的要求。会计实务比赛和案例分析比赛，可以与会计专业岗位群的工作需求相匹配，着重考查学生的业务处理能力、团队合作能力、分析问题和解决问题的能力。在教学活动中，教师应自觉地通过对竞赛活动的指导，提高学生对竞赛活动的兴趣，使其成为一项特长。此外，还可以对在比赛中获得优胜的参赛者进行相关科目的免试和学分互认，从而使评价更加多样化，评价制度更加完善。

表 3 - 7 "岗课赛证"四融合对应表

职业岗位（群）	对应课程	相关证书	技能竞赛
基础	自我管理能力训练	职业核心能力等级证	基本职业技能竞赛
	团队合作能力训练		
	职业沟通能力训练		
	大学英语 I	大学英语等级证	
	大学英语 II		
	大学英语 III		
	大学英语 IV		
	大学计算机基础	计算机等级证	
	信息技术		
会计	基础会计	初级会计师证	会计技能竞赛、业财税融合暨大数据管理会计技能竞赛、智能财税技能竞赛
	财务会计		
	经济法基础		
审计	审计学	初级审计师证	业财税融合大数据审计技能竞赛
	审计实务		
管理	管理会计	注册会计师	会计与商业管理案例分析竞赛
	财务报告分析		
	会计制度设计		
	财务管理		
	税费计算与申报		
	成本核算与管理		
	管理会计实务		

（三）基于"岗课赛证"融通的高职大数据与会计专业课程体系优势与教学改革实践

1. "岗课赛证"融通的大数据与会计专业课程体系的优势

中共中央办公厅、国务院办公厅《关于进一步加强高技能人才工作的意见》强调："职业院校应紧密结合企业技能岗位的要求，对照国家职业标准，确定和调整各专业的培养目标和课程设置。"教育部关于全面提高高等职业教育教学质量的若干意见规定："高等职业院校要积极与行业企业合作开发课程，根据技术领域和职业岗位（群）的任职要求，参照相关的职业资格标准，改革课程体系和教学内容。"这就对大数据与会计专业的技能型人才提出了更高质量的育人要求，在具体实施过程中需要将人才培养与岗位技能对接，对当下企业会计岗位人员所具备的能力要求进行分析，而后将此作为基础，制定具体的教学内容、教学方法和课程体系，而在具体的实施过程中，则可以参考以下几种模式：

"课岗融通"指的是将课程的设置和岗位的需求相融通，这种模式既能够提升学生的职业能力，又能满足岗位对于人员的需求。在具体对课程体系和教学内容进行设计时，将会计岗位及相关岗位群的需求作为依据。而从院校方和大数据与会计专业的角度来说，需要在育人的过程中始终保持"课岗融通"的原则，这种原则除了体现在课程设置方面外，还体现在师资力量的建设上。院校可与对口企业形成合作关系，聘请企业中会计岗位经验丰富的员工，到高职任大数据与会计专业的兼职教师，主要负责学生实践课程的教授。兼职教师在实践课程中的授课比例至少要达到半数，全面实现以岗位定课程、由岗位指导课程、在课程中体现岗位的实际需求。

"课证融通"指的是教学内容的选择与岗位需求相结合，证书则能够体现教学成果和岗位技能等级。大数据与会计专业的职业资格证书主要有两类：第一个类别为执业资格证书，包括初级会计师证书和初级审计师证书等；第二个类别为经济类职业资格证书，包括 ERP 证书和初级经济师证书等。此外，一些与工作相关的职业资格证书也是必需的，比如银行从业资格证书和保险从业资格证书等。没有这些证书，就会成为求职的最大阻碍。通过各种等级的考核，可以从一个侧面反映出本学科的教育质量和培养出的人才素质。大数据与会计专业的课程安排可以与考试有关的职称条件密切联系。

"课赛融通"指的是一种从理论到实际的有机结合。为了弥补证书考试偏重理论的不足，在高职学生在校学习期间，校方可以持续地将各种类型的比赛与学科知识的学习进行穿插，以此来激发学生战胜困难的斗志以及他们的学习兴趣，并培养学生动手技能。此外，比赛也可以成为检验学生专业技能、提高教学水平、加强校际的横向交流与对比的一种行之有效的方法。

"岗课赛证"四合一的教学模式，能够多方位地提高学生学习的积极性，提高教学的成效。因为比赛本身就是一种有趣的、能激发学生积极性的活动，所以将比赛的内容纳入到课堂教学中，能有效地提升学生的学习效率。作为参赛候选者，比赛训练程序反过来也能很好地推动课堂的学习。得到了社会普遍承认的专业资格，以及在某些比赛中获得的分数，都是一个有说服力的证据，对求职有很大的帮助。

2. "岗课赛证"融通的大数据与会计专业教学改革实践

大数据与会计专业"课证融合""课赛融通"和"课岗结合"的课程体系建设与优化，主要由以下实践与探索构成：

组建"课证融合""课赛融通"和"课岗结合"教学改革试点班。通过设置教改课程、编写或选用符合条件的配套教材、建设与之配套的实训中心、改革教学方法、创新教学组织形式、培养具有"课证融合""课赛融通"和"课岗结合"的师资队伍等具体项目加快该项教学改革。

自 2017 年 11 月国家正式将"从事会计工作的人员，必须取得会计从业资格证书"的规定改为"会计人员应当具备从事会计工作所需要的专业能力"。① 所

---

① 王婷，周兵. 高校会计职业道德教育的课堂实施策略探讨 [J]. 财会通讯，2017（34）：119－120.

以，在招聘员工的时候，很多公司都比较愿意选择拥有初级会计证书的求职者，这个证书也成了毕业生求职的一块敲门砖。在获得这一类型的证书方面，建议采取课程内容与证书考试相衔接的教学改革方针，以职业考证教材作为教学教材的主要内容，课程内容、课程标准需要能够体现出职业考证的需要，并在此基础上进行一些可操作的技能性训练和实践训练。对各科目的评价采用多种方法，比如，会计基础、财务会计和经济法三科的考试，可以采取"证书考试"的方式。同时，对于高等职业院校大数据与会计专业的毕业生来说，初级审计资格并非必须具备的条件，只是取得此证书的学生可以在奖学金评选等方面给予额外的奖励。通过这种方式，一些课程就能够实现证书指导课程，将课程和证书考取充分结合。

第四章
高职大数据与会计专业综合育人的实现路径

第一节　高职大数据与会计专业紧密对接
产业链的专业体系建设

一、产业发展与高等职业教育

（一）相关概念的厘清

1. 产业的含义

"产业是国民经济中按照一定的社会分工原则，为满足社会某种需要而划分的从事产品和劳务生产及经营的各个部门。"① 产业的概念层次是处于微观经济细胞企业与宏观经济单位国民经济之间的若干"集合"。相对于企业来说，产业是同类企业的集合体。相对于国民经济来说，产业是国民经济的一个重要组成部分。产业的主体是企业。产业是企业互动生成的，并构成了企业的发展环境。②

2. 产业发展的含义

产业发展是一个产业的生成、成长和进化的过程，它不仅包含了个别

---

① 史忠良．新编产业经济学［M］．北京：中国社会科学出版社，2007：1.
② 郭达．产业演进趋势下高等职业教育与产业协调发展研究［D］．天津：天津大学，2017.

产业的进化，也包含了产业的整体进化，也就是一个国家的整体经济的进化。而进化过程不仅包含了在某一产业中的企业数量、产品或者服务产量等数量上的变化，还包含了产业结构的调整、变化、更替和产业主导地位等质量上的变化，并且将结构变化作为其核心，将产业结构优化作为其发展的方向。所以，产业发展既有数量的增加，也有质量的跨越；既有绝对的成长，也有相对的成长。

（二）产业发展与高等职业教育的联系

到 2030 年，我国由职业教育大国迈向职业教育强国，面临的最大挑战是产业转型升级带来的挑战。① 而在这一发展过程中，职业教育与产业发展之间是否能够协调发展，是极为重要的影响因素。《现代职业教育体系建设规划（2014—2020 年）》明确指出："行业特色明显的高等职业学校，要增强服务产业导向，发挥提升产业竞争力的作用。"《高等职业教育创新发展行动计划（2015—2018 年）》强调："高等职业教育根据区域发展规划和产业转型升级需要优化院校布局和专业结构，将专科高等职业院校建设成为区域内技术技能积累的重要资源集聚地。"在国家制定的一系列促进职业教育发展的重大政策中，我们可以看出，在经济常态下，加快发展与现代产业转型升级相适应、产教深度融合的现代职业教育，并将其与产业协调发展、同步规划与升级，是我国职业教育发展的主线。不过，随着我国经济步入新常态，尽管现代职业教育已经基本建立起来，现代职业教育在转变经济发展方式、建设现代产业体系战略部署中的地位与作用也越来越明显，但在职业教育中占据了重要地位的高等职业教育，从目前的整体发展形势上来看，依然属于整个"木桶"中的短板，而想要寻求突破性的发展，就需要与产业对接，使两者协调发展，在此过程中不断进行调整，即可实现自身的可持续发展。

---

① 于志晶，刘海，程宇，李玉静，岳金凤，孟凡华，房巍. 从职教大国迈向职教强国——中国职业教育 2030 研究报告［J］. 职业技术教育，2017，38（03）：10−30.

（三）产业融合与高等职业教育发展的协调联动关系

在现代产业发展过程中，产业融合成为产业演进过程中的新现象，并逐渐成为新的经济增长动力，不断促进产业结构优化升级，催生新的产业。① 产业融合催生新产业的创新本质，不断推动社会经济系统的变革向纵深方向发展。高等职业教育直接与产业对接，是为产业输送人才的主要机构，因此，产业融合也对其产生较为重要的影响。具体表现为，在给高等职业院校带来新的发展机遇的同时，也带来了挑战，有效促进了职业教育的创新性发展。②

产业融合能够催生新的产业，从这一角度来看，它具有创新性特征，而这种特征也是推动高等职业教育变革的主要动力。高职院校在发展模式上的变革，既要符合高职院校内在的、外在的相互规律，又要能够促进高职院校与产业之间的和谐发展。所以，在产业融合的过程中，高职院校要迎接持续涌现出的新产业、新业态和新技术的挑战，而以往那种为了适应产业分散发展而设定的教学模式已经不再适应当下这种产业融合的发展形势，因此，必须结合当前的发展作出改变，以满足产业融合的发展需求。

1. 发展方式的主体与产业融合主体的协调联动关系

在产业融合的大趋势下，为了适应产业融合带来的新的要求，高职院校必须与企业形成一体化的发展模式。校企合作模式是由产业发展所决定的，任何产业发展模式的产生，既是产业发展的产物，也是推动产业发展的主要因素。在产业融合发展的趋势下，产业结构的调整，人才资源的更新，新的设备、新的技术、新的工艺以及不断变化的新产品和新需求，使得产业发展的环境变得越来越复杂，这就对高等职业院校的适应性、灵活性提出了更高的要求，要求它们能快速、准确地应对越来越复杂的产业发

---

① 孙树旺. 产业融合背景下企业成长路径探讨 [J]. 财会通讯, 2014（14）: 59 – 60.
② 许晗. 从产业融合视角看职业技术教育的创新性发展 [J]. 中国职业技术教育, 2013（21）: 28 – 30.

展形势。但是人才培养的周期性决定了高等职业院校在不借助外力的情况下，想要迅速地适应当前因产业融合而带来的多变且复杂的环境，是具有较大难度的。这就需要高等职业院校深化与产业融合主体之间的关系。产业融合的主体是各类企业。① 相对于高职院校而言，企业更加接近于市场，能够对行业融合所产生的新模式、新技术进行实时反应。为此，高职校企合作需要进一步深入，紧密结合企业的发展实践，走出一条与企业共同发展之路；要对产业融合中涌现出来的新思想和新技术进行及时掌握，并以此来培育出适应市场需要的复合型人才，这样才能更快更高效地适应产业融合新需要。

从企业适应产业融合的视角出发，为了应对产业融合带来的不确定因素，企业也同样需要与高职院校的教育进行融合。产业融合的实质是各种产业之间的相互渗透、相互融合，使得新产业、新业态和新技术不断地涌现，这些都给企业的运营环境带来了很大的不确定性，这些不确定因素造成了有些企业在整合过程中成长起来，而有些企业却在整合过程中衰落、销声匿迹。要想更好地应对产业融合所带来的不确定性影响，就一定要争取到更多力量的帮助，而高职院校就是能为企业提供优质人力资源的主要组织。

从以上的分析可以看出，企业在产业融合的发展中具有双重角色，其不仅是产业融合的主要力量，还是高职院校的服务主体，所以，企业就变成了高职教育与产业融合之间的纽带。高职院校与企业之间的"校企合作"，本质上就是一种高校和企业协同发展的模式。按照约瑟夫·熊彼特的创新理论来看，"创新"就是要"建立一种新的生产函数"，② 也就是要在生产系统中引进一个从未出现过的"新组合"，从而使所有的生产因素或生产环境得到新的组合。在高职院校与企业的合作发展过程中，高职教育将

---

① 卢福财. 产业经济学 [M]. 上海：复旦大学出版社，2012：303.
② 郭达. 产业演进趋势下高等职业教育与产业协调发展研究 [D]. 天津：天津大学，2017.

不可避免地被企业要素融入，而企业也会融入高职教育要素。高职院校与企业的"产学研"结合，可以为高职教育提供更多的"高素质"的专业技术人才，促进"产学研"的深入发展。而随着产业融合发展的不断深入，高职院校与企业之间的协作也需要朝着更深层次的整合方向发展，以便联合起来形成较大的力量集合，进而减弱产业融合所产生的不确定性影响的力度。

2. 发展方式的载体与产业融合动因的协调联动关系

专业是高职教育存在和发展的根本，它的建设水平直接影响着高职教育能否满足毕业生的就业需要，也决定着高职教育能否不断地吸引更多的生源。高职院校的专业建设随着行业的发展而发生了适应性的改变，在此过程中，专业体系的内部机制是一个重要的要素，它在行业中发挥着基础性和根本性的影响，找到并形成一个能够与行业发展相适应的建设机制，这将有利于实现专业与行业建设的需求相匹配。《国务院关于加快发展现代职业教育的决定》也提出："调整完善职业院校区域布局，科学合理设置专业，健全专业随产业发展动态调整的机制。"① 因此，建立专业动态调整机制是推动高等职业教育创新发展方式的基础。

技术融合是产业融合的动因，能够产生强大的驱动力，推动产业发生革命性变化。例如，第四次工业革命的核心引擎正是物理技术、数字技术、生物技术以及三者的有机结合。② 所谓技术融合，就是两种或更多的技术相互渗透，相互融合，从而产生一种新的技术现象。在某一产业领域中，当某种技术的发展达到了一定的水平后，就需要寻求一定的突破，而最有效的突破手段就是融合其他产业的技术。在这种不同产业技术的融合下，不但可以互相弥补自身的不足，而且还可以使得这些相互融合的技术产生一

---

① 郭达. 产业演进趋势下高等职业教育与产业协调发展研究［D］. 天津：天津大学，2017.
② 高文杰. 转型的力量：第四次工业革命对职业教育的影响［J］. 中国职业技术教育，2016 (33)：5－12.

加一大于二的效果。技术融合给传统单一技术带来了新的功能和性质，技术的融合使得原来的技术增添了新的功能和特性，使得原来的技术突破了原本的水平界限，而在新技术催生下所产生的产业融合领域，就是这些新技术的综合体，具有极高的综合化特征，又因为技术和融合后的产业都是新的，所以各方面也都会具有较强的不确定性。此种不确定性，就需要高职教育构建出一个动态的专业调整机制，让高职教育可以在无数个时间节点上，根据产业融合态势，对专业进行动态调整，并对专业资源进行及时的调整，以适应技术融合所产生的高度综合化的新产业，为高职院校与产业融合相适应的创新发展模式打下坚实的基础。

3. 发展方式的目标与产业融合核心要素的协调联动关系

产业融合发展主要是以交叉融合、渗透融合和产业重组为手段，从而产生了一些新型业态，而为了迎合这种改变，让培养出来的人才能够适应产业融合发展的需求，提高人才的综合性素质是最为有效的手段。产业融合的实质是原本不同类型产业之间，以融合需求为原则，对自身进行重构和调整，从而使自身能够更好地与其他产业相容，来进一步提升本产业的水平。这一过程必然需要借助各类前沿技术，才能打破原有壁垒和界限，让整个产业的生产技术和工艺实现进化。因为拥有综合的知识和技能，复合型人才可以很好地应对因产业融合而产生的众多不确定性，从而达到满足行业技术复杂性和产品技术集成性不断提高的需求。在产业融合的大趋势下，《国家教育事业发展"十三五"规划》也明确提出："加快培养信息技术与产业升级、技术创新和社会服务融合发展的复合型人才。"① 根据上述分析，高等职业教育适应产业融合趋势，创新自身发展方式的核心目标是要培养掌握多元技术技能的复合型人才，以有效满足产业融合催生的新需求。

---

① 郭达. 产业演进趋势下高等职业教育与产业协调发展研究 [D]. 天津：天津大学，2017.

二、高等职业教育发展方式与产业融合协调发展

（一）产业融合的现状与趋势

当前产业融合主要体现为制造业与服务业融合、新一代信息技术与制造业融合、新一代信息技术与服务业融合三个方面，其中，制造业与服务业互动融合成为产业融合的主流趋势①。以智能制造为先导，一、二、三产业逐步融合，是新经济的产业体系特征。② 产业融合使得传统发展经济学关于"三次产业顺序主导下的产业系统转型升级"的理论不再适用。随着工业化和信息化的深入融合，三次产业的边界变得越来越模糊，新业态、新技术、新产品层出不穷，三次产业结构的数量比例关系也变得越来越难以衡量产业体系的现代化程度。由产业融合引起的现代工业系统的深刻变革，给高职教育在发展模式上的创新带来了严峻挑战。

（二）高等职业教育发展方式的内涵

高职教育的发展方式是高职教育在发展中，因其所处的发展环境和发展对象的改变，对其所处的发展道路进行适应和调整的一个动态过程。高职教育的发展方式，是高职教育发展的现实状态和理想目标的一个中间环节。采用不同的发展方式，就会对发展的最终目标产生不同的影响。改革高职教育发展方式，最直接的目的就是要解决高职教育发展手段和发展目标之间不相适应的问题，而最基本的目的就是要改变教育产出，缩短高职教育发展现状与发展目标之间的差距，从而更好地实现高职教育发展的目标。

高职教育的根本目的在于实现人的全面发展，进而带动社会的全面进步。因此，有必要从行业层面来思考目前高职教育的发展方式是否合理，从而推动整个社会和经济的全面发展。因为高职教育的发展方式是一个动

① 周振华. 信息化与产业融合 ［M］. 上海：上海人民出版社，2003：321.
② 黄群慧."新经济"基本特征与企业管理变革方向 ［J］. 辽宁大学学报（哲学社会科学版），2016，44（05）：1-7.

态的概念，所以在不同的产业经济发展阶段，高职教育的发展方式也存在着差异，而不同的产业发展方式对高职教育的发展方式也会产生不同的影响。所以，高职教育发展方式的合理性，必须放在目前最明显的行业一体化的大趋势下加以审视。

要在产业融合的大背景下，更有效地对高职教育发展方式展开系统深入的研究，就必须着重把握高职教育发展方式内涵的两个关键点。第一，高职院校在发展模式创新中的要素重组和优化。从要素配置的角度看，"教育的发展方式是基于一定的教育价值观念，设定适当的教育发展目标，通过对教育过程要素的配置和使用，实现教育发展目标的方法和模式"。① 所以，对高职院校的发展方式进行改革，就不可避免地要对高职院校的各教育因素进行重组和调整。而高职教育的"跨界性"又是其最显著的特性，因此，其发展路径的变革，必须以产业和企业要素的有效结合为核心。第二，提高高职院校综合素质，提升其培育人才的质量，解决毕业生"走出"和"走入"的困境。高职院校要与产业融合的需求相联系，将培养目前行业融合急需的复合型人才作为其主要目的，对其自身发展方式进行创新。

（三）高等职业教育发展方式与产业融合不协调的表现

改革与创新是高职教育发展的主旨，也是产业发展的主旨。随着不同产业的不断融合，新技术和新产品、新模式和新业态、新需求和新市场的不断涌现，这些都给高职教育的发展带来了极大的影响和挑战。高职教育是与产业发展关系最密切的一种教育，要想与产业融合相适应，它的发展模式就必须要根据产业融合的新趋势，进行创新和改革。但是，目前高职院校的发展模式还没有完全适应产业融合的需求，具体表现在以下三个方面上。

1. 校企合作仍处于浅层次

在基于传统工业化的产业经济模式下，各个产业之间具有明确的边界，

---

① 赵应生，钟秉林，洪煜. 转变教育发展方式：教育事业科学发展的必然选择 [J]. 教育研究，2012，33（01）：32–39.

不同产业之间具有显著的分割性，这种分割使得产业间产生了技术界限，也构成了产业运作的基础。产业融合的集成式创新进程，使得产业技术界限不断消融，产业生命周期不断缩减，产业系统不断重组，加速产生新的高科技产业、新业态和新需求，对三次产业的分工构成了新的挑战。为满足产业融合的新要求，企业在研发新产品、新装备的同时，各产业的技术也在不断地提升，社会对专业技术人员的需求日益增加。这就对高职院校所培养出来的技术技能人才提出了一个新的需求，那就是要与产业融合所引发的企业技术加速升级的发展方向相匹配，从而可以满足产业融合所带来的对新工艺和技术需求的工作岗位的需求。但是，由于高职院校的人才培养具有周期性等特点，这就造成了高职院校教育中所涉及的知识和技术的内容，已经落后于目前企业的技术发展，因此，在实际操作中，实践教学设备很难与现代企业装备更新的步伐相适应。在产业融合趋势日益显著的背景下，这对高职院校及时、准确把握产业融合催生的前沿技术与先进工艺非常不利。在此背景下，高校与企业之间的浅显协作关系已无法发展需求。高职教育要紧密结合在产业融合的大背景下企业发展的实际情况和需要，从高校与企业之间的浅层面合作，走向更深入的层次，使彼此之间的融合更紧密；要持续地对产业融合在突破产业技术边界之后，迅速地对产生出的新产业、新产品和新技术的需要进行适应。此外，还可以使双师型教师队伍的知识技能的更新与产业升级的速度和现代企业发展的趋势保持同步。

校企合作的深度主要是指校企合作向高级阶段发展的程度，其主要标志是合作中双方资源交流的程度，决定于企业参与程度。[①] 但是从目前的发展形势来看，高职院校与企业之间的合作育人还未完全成立，高职院校负责的是学生的学历教育部分，企业负责的是毕业生走入工作岗位的在职培训，两者以学生毕业为界限，融合度不高，因此企业与高校合作育人的积

---

① 吴建新，易雪玲，欧阳河，邓志高. 职业教育校企合作四维分析概念模型及指标体系构建[J]. 高教探索，2015（05）：87 - 93.

极性也并不高。校企合作中主导方仍然是高职院校，企业多采取被动配合的心态，使合作育人流于表面，距离达成校企合作育人的目标还有差距。

2. 专业动态调整机制尚未建立

专业是高职院校与产业融合、走出一条属于自己的发展之路的基石和载体。在产业转型升级的情况下，我国高职院校的专业设置基本采用的是普通高校的学科教育的模式，还没有立足于自身的办学特色进行专业结构改革。因此，当前高职院校的专业结构与产业融合下的产业结构缺乏一致性，并且，从高职院校毕业生的就业特点来说，其主要面对的是本省内的企业，然而目前即使是不同地区的高职院校，在相同的专业结构上，也没有与本地区产业的特点相结合，没有特色，同质化较为严重，不能满足本地区企业的专业需求。而且，当前高职院校的专业体系建设的基础是产业分化时期各产业的特点，所以更专注于某个产业范围内知识的学习，专业界限十分清晰，知识的选择面较为狭窄，缺乏跨学科、跨产业的全面性特征。以上种种因素使得高职院校培养出来的人才更具有专一性特点，而缺乏复合性、综合性特征，使得产业融合而催生的新产业对复合型人才的需求还不能被满足。

当前的时代也是信息时代，信息技术深入到了各行各业中，其在产业中影响力的不断扩大加速产业的融合，使得产业之间的边界变得越来越模糊，新的产业技术也随之变得越来越复杂，这就要求高职院校必须打破以往那种固定的、静止的专业结构，构建出一个随着产业发展而进行动态调整的模式，这样才能让专业的构建和发展可以更有弹性地对行业融合带来的众多的不确定因素做出反应，加快高职院校转型发展的步伐。然而，当前大多数高等职业院校仍尚未建立专业评价与动态调整机制。[①] 这导致在产业融合程度日益加深的趋势下，高等职业教育缺乏适应产业融合、创新自身发展方式的基础与载体。

---

① 邓志良. 职业教育专业随产业发展动态调整的机制研究［J］. 中国职业技术教育，2014
(21)：192 – 195.

3. 复合型人才匮乏

从产业融合的背景来看，高职教育所培养的人才必然会向着高端复合型方向发展，此类人才也是产业融合深入发展的关键。高端指的是具有较高的专业技术水平，复合型不仅包含了本专业各项能力，还包括了跨行业的能力。而出于此种需求考虑，高职教育就需要以培养高端复合型人才为核心进行改革。但是当前我国创新型、实用型、复合型人才紧缺，我国人才的总量、结构和素质还不能适应经济社会发展的需要，特别是现代化建设亟须的高层次、高技能和复合型人才短缺。从以上内容来看，目前我国还处于复合型人才紧缺的状态之下，高职教育所培养的人才，还不能满足产业融合对复合型人才的巨大需求。

三、产业融合趋势下高等职业教育发展方式创新的主要内容

产业融合在本质上是一种突破传统产业发展范式的产业创新。[①] 在产业融合的大潮中，高职院校的发展模式要从学校与企业之间的浅层面合作关系，转向更深入的一体化合作关系，从培养单一技术的专精人才，转向培养高素质的复合型人才。

1. 校企一体化发展方式的内涵

校企一体化是指学校和企业融为一体，通过机制创新，实现共生共赢、共同发展。[②] 随着产业融合发展的不断加深，高职教育的组织界限越来越模糊，校企一体化育人就是这种现象的一种具体表现。高职院校与企业一体化发展的具体过程，是指两个组织以共同的发展目标为中心，以资产或合约作为联系，以人才培养、员工培训和技术研发等为载体，将两个或多个组织的资源进行整合，从而达到深度融合的目的，最后形成一个利益共同

---

① 卢福财. 产业经济学 ［M］. 上海：复旦大学出版社，2012：295.
② 叶鉴铭，徐建华，丁学恭. 校企共同体：校企一体化机制创新与实践 ［M］. 上海：上海三联书店，2009：1.

体。① 校企一体化解决了学校和企业之间的深度合作问题，提升了技术技能和人才的培养质量，最终达到了教育与产业、学校与企业、专业与岗位之间的良性互动，这也是我国职业教育发展的新趋势。

高职教育要顺应产学研结合的大潮，走校企一体化的发展之路，这无论对高职教育还是对企业都是十分必要的。对高职院校而言，通过校企一体化可以有效地解决因行业融合加快技术更新而造成的高职教育在知识和技术上落后于企业的问题，这对培养出符合行业融合需求的复合型人才是大有裨益。具体来说，有以下三个方面：第一，高职院校和企业的深度融合发展，能够让院校在进行教育改革时，充分考虑企业的创新发展需求，将因产业融合而催生的行业新技术、工艺、标准，以及对从业者所具有的综合能力的要求，纳入到课程体系中，有针对性地培养企业所需要的复合型人才。第二，校企一体化的发展模式，能够使高职教育的实践性教育与企业实践项目紧密贴合，让高职学生能够在实际工作中获得实践技能的学习机会，从而使他们能够更好地了解当前行业中的最新技术，更好地适应瞬息万变的新行业岗位的需求。第三，高职院校在校企合作中所进行的研发项目，有助于高职院校及时了解、掌握行业发展的新需求，掌握行业发展的前沿技术动态，将企业的最新科研成果和先进技术等及时地转换为教育的内容，从而让高等职业院校的专业建设可以与行业融合，与高职教师和学生技术发展能力的提升相匹配，并与企业技术创新与升级同步进行。从企业角度看，学校与企业之间合作的深化，将有助于高职院校更好地发挥其培养人才的主要功能，让企业在校企一体化发展的过程中，最大限度地获得优秀的人力资源，并享受其后期所带来的利益，从而让企业保持高度的热情，不断地推动校企融合。

2. 校企一体化发展方式的机制

（1）寻求利益结合点是校企一体化的基础

高等职业院校与企业之间存在着不同的利益关系，找寻两者之间存在

---

① 郭达 . 产业演进趋势下高等职业教育与产业协调发展研究［D］. 天津：天津大学，2017.

的利益契合点，这是形成、维持和发展校企一体化发展的根本。高职院校与企业之间的利益冲突是高职院校与企业之间难以实现一体化深度发展的根本原因之一。企业是一种以营利为宗旨、符合市场经济发展规律、追求利润最大化的组织。高职院校的办学宗旨，就是要培养高素质、高技术能力的劳动者。随着产业融合的不断深入，企业对复合型人才的要求也越来越高。尤其是随着人口红利的逐步消退，企业对复合型人才重要性的认识也越来越深刻，因为复合型人才可以给企业带来更多的创新思路，进而为企业带来更多的利润。高职院校可以为企业提供和培养高素质的人才，从而使企业获得最大的经济利益。企业对于高端复合型人才的需求，正是高职院校育人的出发点和落脚点。由此可见，培养复合型人才是高职院校与企业之间最优的结合点。

（2）资源互补是校企一体化的关键

高职教育与企业之间存在着一种资源的互补性，这是实现校企一体化的重要基础。校企一体化能够有效地将高职院校和企业之间的优势资源进行有效的整合和分享，从而加速新技术的研究开发和科技成果的产业化进程，获得更多的经济效益和社会效益。

高职院校与企业的一体化是指学校与企业在人力、财力和物质等方面的合作，这实现了信息、文化等方面的高水平、深层次的整合。高职院校和企业的资源之间存在着一种互相连接和互相影响的关系，从而将学校和企业之间的异质资源进行有机整合。一个企业的发展核心是由一系列被它所掌控的有价值的、稀有的、不可模仿的资源组成的，一个企业只有拥有无可取代的资源与技术，才能取得持久的竞争优势。随着行业的快速发展，新技术与新需求的产生，使得企业之间的竞争日趋加剧。企业积极寻找高质量的外部资源，是实现可持续发展的一种有效途径。特别是在产业融合的大潮中，企业如果不进行创新，不通过资源整合来寻求突破，就很难在市场上立足，终究会被淘汰。所以，从其他组织中通过资源互换或共享形成资源链接，借助于资源互补和整合带来的优势，即可使自身完成突破。高职院校与企业之间具有天然的互助关系，是企业人才的主要来源地，自然也是企业进行资源互补的最佳对象。

（3）建立责任共同体是校企一体化的保障

高等职业院校与企业建立责任共同体，是校企一体化的重要保障。《国务院关于加快发展现代职业教育的决定》明确指出："研究制定促进校企合作办学有关法规和激励政策，深化产教融合，鼓励行业和企业举办或参与举办职业教育，发挥企业重要办学主体作用。"① 可见，企业既是高等职业院校合作的重要对象，也是高等职业院校的办学主体。在校企一体化的发展过程中，企业既是高校培育出的复合型人才需求者，又是高校对复合型人才的要求的制定依据，所以，它应该担负起促进高职教育发展的职责，并与高校组成一个职责共同体，为高职院校与企业一体化的顺利实施提供保证。在产业融合的大潮中，高等职业院校与企业构建起一个责任共同体，可以让高等职业院校能够及时地获得企业对新技术和新工作岗位需要的有关信息，对企业的未来发展趋势进行精确分析，从而培养出可以有效地满足企业所需要的复合型人才。

四、推动高等职业教育专业对接产业链的策略

（一）高等职业教育集团的内涵

《国家教育事业发展"十三五"规划》提出："鼓励学校、行业、企业、科研机构、社会组织等组建职业教育集团，实现教育链和产业链有机融合。"② 高职院校应该与产业集群中的众多有着分工协作关系的企业组成高职教育集团，促进高职教育集团在产业集群中的成功发展，让高职教育的一元主体结构变成多元主体结构，这样才能让高职教育的主体结构与产业集群的主体结构保持一致。

---

① 郭达. 产业演进趋势下高等职业教育与产业协调发展研究［D］. 天津：天津大学，2017.
② 芦丹丹. 基于区域产业转型升级需求的高校人才培养结构优化策略——以温州为例［J］. 生产力研究，2020（03）：82－85＋110.

（二）将高等职业教育集团作为专业对接产业链的平台

高职院校以高等职业教育集团为基础，可以将多种资源汇集起来，通过合作协商、项目共建和资源整合等方式，有效地促进高职大数据与会计专业与产业链上各关键主体的全面合作，促进多元主体利益链的形成，进而推动高职大数据与会计专业与产业链的对接。第一，高职院校依托教育集团能够得到更多的行业发展信息，更好地了解整个产业链的发展情况和发展方向。在此基础上，结合产业链发展的实际情况，对校内教育模式、教学内容进行改革，即可保证高职院校与产业链能够无差别地进行衔接。第二，高职大数据与会计专业依托于教育集团，能够与产业链中的骨干企业开展合作，加快构建一支由行业企业技术专家和管理骨干组成的"大数据"与"会计专业导师团队"，实现"大数据和会计"的目标。第三，利用教育集团中资源开放的优势，为行业企业参与专业建设提供有效途径，提高产业链上相关企业参与高等职业教育专业建设的积极性，为大数据与会计专业的发展开辟一条新的道路，促进产业和会计事业的发展。这样才能让专业与产业链相衔接，让专业的建设与产业链同时进行转型和提升。

（三）促进专业有序对接产业链主导环节和关键环节

因为产业链中的关键性和主导性决定了整个产业链的规模和发展方向。所以，在此背景下高职院校应积极主动地与产业链中的关键环节进行密切、有序地对接，以促进产业链的优化升级，提升产业链的整体竞争力。高职教育属于以就业为导向的教育，它应该在第一时间把重点放在与产业链相关的主导环节上来进行专业设置，为相关产业培养并提供大量的高素质劳动者和技术技能人才。基于这一认识，高职院校应该以"以产业链为核心"的应用技术为主，尽快改变目前高职院校科研力量相对薄弱的局面，帮助产业链向上游延伸，培育出新的附加值更高的产业链，为高职教育专业与产业链发展开辟新的空间。

（四）推动专业服务产业链核心企业

从产业中的主体企业的视角来分析，产业链是一条由众多零散的结合部组成的、以经济和技术为纽带的链条，而在这些链条中，企业是主导产业链重组的主要力量。而一个核心的技术、工艺和产品的改变，也对一条完整的产业链产生影响。所以，高职院校应该以产业链上的核心企业为主要目标，对整个产业链的发展方向和趋势进行精确的掌握，促进产业链中的核心企业更好地发挥出其自身的优势，帮助这些核心企业发挥出其高端的引导效应和辐射示范效应。这样才能让高职院校在切实提高整个产业链竞争力的同时，更好地吸纳产业链中的核心企业的先进技术等优质资源。

五、高职大数据与会计专业紧密对接产业链的专业体系建设策略

（一）专业对接产业链的机制

高职教育与全产业链相衔接的现代产业组织方式，可以为产业链的每一个环节提供服务，可以在推动产业链价值增值的过程中，形成与产业链对接的专业链，并在此基础上，进一步推动关联行业与扶持行业、对象行业的协调发展。其中一个重要的动因就是供应链中的各个环节都在不断地寻求最终产品的增值。从原材料到中间产品，再到最终产品的销售，每一个环节都要经历价值增值的过程。同时，随着产业链产品的价值增值，产业链的延伸和拓展的程度也会得到进一步深化。高职院校中的各个专业本来都是相互独立的，没有形成明确的链条联系。在服务于产业链的构建与形成的过程中，高职教育专业会沿着产业链的走向，与产业链的各个环节进行对接，为产业链上相关企业提供技术创新的知识技术和人才支持；在推动产业链整体价值增值的过程中，使得原来各不相干的学科间，逐步形成了相互连接、相互关联的学科链。所以，专业链不仅是对产业链内涵进行了拓展，同时也是对高职专业能够充分发挥其服务产业链功能的一种创新，它的本质是将高职教育的专业知识技术资源与产业链资源进行结合的一种有效方式。笔者认为，高职院校专业链与产业链的对接，是高职院校

专业与产业协同创新的一条行之有效的路径，能够有效提高整个行业的竞争力。

（二）专业动态调整机制的建设

在产业融合趋势下，"建立专业动态调整机制，是高等职业教育形成校企一体化发展方式的重要基础。产业的不断发展突破了固定化边界的产业分立限制，打破了传统工业化生产方式的纵向一体化市场结构，要求高等职业教育建立起专业动态调整机制"。① 在高职院校大数据与会计专业教育中，需要构建出一套对专业进行动态调整的机制，并在此基础上，对专业结构进行持续的、动态的、与产业融合需求相匹配的并且更加合理的设置，来确保高职大数据与会计专业的教育以产业融合的需求为依据，灵活地改变自己的发展方式。具体来说包含了以下三方面的内容：

1. 长线需求与短线需求相协调的动态调整机制

在产业融合的趋势之下，高职大数据与会计专业教育构成了一种"校企一体化"的发展模式，这就需要高职大数据与会计专业教育建立起一种稳定与弹性相互配合的专业动态调整机制，让它不仅可以满足企业的长远发展需要，还可以让企业的短期发展需要得到满足。从可持续发展的视角来观察，首先需要高职院校以产业融合的现实需要和企业的长远发展需要为基础，建立可以与企业长期发展需要相适应的人才培养方案，形成与对接产业融合需要相匹配的适合公司长远发展的长线专业体系的机制。长线需求指的是在高职大数据与会计专业教育的发展过程中，在较长时间内都存在的企业需求。此类专业机制的建立应当密切结合本校大数据与会计专业的特点，并与高等职业院校的总体办学定位相协调、发展方向相一致，同时还要能够满足区域产业需求和企业的长期发展需求。而在完善了长线专业机制的基础上，为了满足行业融合推动下企业所带来的新的职业需要，大数据与会计专业教育也要构建出短线专业机制。短线专业机制是以需求

---

① 褚宏启. 中国现代教育体系研究 [M]. 北京：北京师范大学出版社，2014：295.

量小、发展潜力大的企业为目标，以适时培育这种公司急需的高端复合型人才为目标而建立的专业机制。在产业融合的大背景下，大数据与会计专业教育可以将长线专业机制与短线专业机制的协同效应充分地发挥出来，能够使其在把握长线专业的同时，在产业融合趋势下及时适应与满足企业的新需求。

2. 企业深度参与的专业动态调整机制

构建"企业深度参与"的专业动态调整机制，是实现高职大数据与会计专业与企业形成校企一体化发展的重要手段。通过此种机制的构建，能够让企业深度参与到高职院校的教育活动以及教育改革中，企业在此过程中具有与高职院校同等的地位，能够充分发挥自己的主体性作用，拥有对高职大数据与会计专业展开动态调整的自主权，并且还能够调动高职大数据与会计专业的各类资源参与到专业调整中。而从院校方角度来看，企业的深度参与，能够随时通过企业所提供的产业和行业发展信息，了解到产业融合的当前形势，并对企业自身的需求信息和产业融合信息进行整合，以对当前市场对于职业人才的需求有一个准确的把握，再针对于此对专业进行动态调整。由此可见，这种动态调整机制为企业融入高职大数据与会计专业的发展提供了一条行之有效的路径，这对于高职院校和企业之间的合作关系，起到了很好的促进作用。

3. 专业预警机制

专业预警机制是高等职业院校大数据与会计专业适应产业融合发展需要，感知行业风险并做出相应决策的关键保证机制。其作用在于提高专业应对不确定因素影响的能力，实现对不确定因素的动态监控、研判和预警，以降低不确定因素造成的损失，与此同时，抓住产业融合催生的新机会。这样就可以动态地解决大数据与会计专业调整过程中出现的问题，使其永远具有活力。一个完善的、良性运行的专业预警机制，可以提高高职大数据与会计专业与产业融合需求的动态对接的效率和灵敏度，确保高职大数据与会计专业有效地应对由产业融合引起的产业发展环境的不确定性，为高职大数据与会计专业形成校企一体化发展模式提供保障。

（三）紧密对接产业链专业体系的建设

1. 加强人才培养方案的革新

党的十九大报告明确提出，加快一流大学和一流学科建设，实现高等教育内涵式发展，优先发展教育事业。[①] 为了适应新的经济形势和教育理念，加快深化产教融合，构建完善的校企合作模式，高职院校大数据与会计专业应注重应用型人才的培养，根据当地的经济发展情况和产业需求结构，重新审视大数据与会计专业课程的设置。

党的二十大报告指出："统筹职业教育、高等教育、继续教育协同创新，推进职普融通、产教融合、科教融汇，优化职业教育类型定位"，再次明确了职业教育的发展方向。[②] 通过对国内外职业教育的发展实践总结可以看出，产教融合是职业院校办学的根本途径。从经济发展的角度来看，产业是经济发展的增长带，经开区、高新区等经济功能区是经济发展的增长极，位于这些区域内的企业是经济发展的增长点。一个国家或一个地区的经济发展能否持续，其核心是是否拥有产业、经济功能区以及企业。产业、经济功能区和企业要想得到可持续发展的动力，同样要走产教融合的道路。

基于人力资源供求的角度，高职大数据与会计专业的校企合作本质上就是会计复合型人才供需双方的紧密衔接。高职大数据与会计专业和企业分别作为复合型人才的供给方和需求方，双方利益诉求的显著差异应在共同培养复合型人才的过程中趋于最小化。在明确校企一体化的利益结合点是复合型人才培养的基础上，高职大数据与会计专业和企业要以此为中心，以产业融合持续涌现的新技术、新标准和新需求为中心，展开人才共育工作。首先，在此基础上，结合当前的行业发展趋势，以明确的复合型人才

---

① 黄毅，沈锐.推动高等教育内涵式高质量发展　培养新时代创新型人才［J］.中国高等教育，2022（20）：57－58.

② 龚君，张大海.基于产教融合的高职"PLC技术应用"课程的教学改革探索［J］.科技风，2023（12）：111－113.

培养目标，引导学校与企业共同发展。其次，高校与企业应通过"校中厂""厂中校"以及建立附属学校等方式，为高职院校和企业提供更广泛的人才培训途径。最后，在企业与高职院校一体化发展的过程中，高职院校与企业应加强专业与职业岗位的对接、课程内容与职业标准的对接、教学过程与工作过程的对接、教育与职业技能的对接，实现培养出的复合型人才效果最大化。

另外，完整的产业结构需要一批专业知识水平较高、技能过硬的人才，而产业结构的需求可以在一定程度上缓解大学生就业难的压力，换句话说，人才培养与产业需求结构是一个双向互补、紧密对接的关系，二者之间以恰当的学科专业体系为联系纽带，所以，实现人才培养供给侧与产业需求结构紧密对接，合适的学科专业体系尤为重要。高职大数据与会计专业在调整人才培养方案时，不能单一地考虑本门学科应学到的知识体系，还应充分考虑产业结构的变化，比如，当今社会经济发展迅速，老旧的产业不断退出市场，新兴产业不断更新，日新月异，如果还沿用十年前的学科专业体系必然是落后的，所以，高职大数据与会计专业的专业设置应充分考虑所属地区甚至是全国的产业需求结构的变化。学科专业体系作为产业链和人才链的关系纽带，如果针对产业链特征去建立健全的学科专业体系，该体系培养出来的人才自然可以满足产业链的需求，使产业链与人才链紧密对接。

2. 加强产教融合师资队伍的建设

在建立完善的学科专业体系基础和人才培养结构调整机制的基础上，为促进人才培养供给侧与产业需求结构要素融合，还应加强产教融合师资队伍建设。高职院校大数据与会计专业的教师只有在自身完全了解产业结构变化的情况下，才能用相适应的理论向学生传授知识，进而培养与产业需求结构高度融合的人才，达到产业链的人才供给水平。学校为适应产业结构的变化，可以通过教师对产业结构的了解和学习，实现教师与产业的对接；教师在企业学习和实践的过程中，初步了解企业的生产经营和技术技能，与管理人员探讨、了解该项产业对人才的需求，进而对专业课程建设和人才培养方案的制订提供针对性的建议。此外，根据不同的教学内容制订适宜的教学方法，理论与实践相结合，探索产业需求与高校人才培养融合的新举措，寻找产教融合的有效措施，对人才专业技能的进步和提升有着重大意义。

在保证师资队伍与产业结构对接的同时，还要提高大数据与会计专业教师的培训质量。高职院校大数据与会计专业应制定全面的考核机制，对深入产业学习的成果进行考核，根据考核结果制定相应的奖惩措施，适当的激励政策可以提高教师学习的积极性。

3. 建立创新型技术技能人才系统培养制度

信息技术、产业发展速度和经济发展速度是层层递进的一种关系，第一层级的快速发展最终会逐层地作用在最后一个层级上。当前，信息技术处于一种飞速发展的状态之下，在逐层的作用下，助推社会经济也在快速的发展。虽然信息技术取代了需要人工操作的工作，但也仅限于部分低端工种，且这部分工作也需要人来进行监督，所以，无论是产业发展还是经济发展，都离不开人才的支撑。而要实现人才培养供给侧与产业需求结构要素的高度融合，高职大数据与会计专业就必须要主动地改变现行的教学观念，突破传统的人才培养模式，对其进行改革与持续优化，努力构建创新型技术、技能人才体系，构建先进的教育创新文化；通过建立教、学、研一体化的创新型人才培养制度，加大对实践性教育的革新力度，健全对实践性教育的监督机制，促进高校实践性教育的发展。只有这样，高职院校所培养出来的人才，才能在一个快速运转的市场上具有较强的竞争力，才能满足目前的产业结构对人才的需要，推动社会的发展。

当前，产教融合教育模式在高职大数据与会计专业中得到了比较广泛的应用，但是它的体系还不够完善，仍然需要将大数据与会计专业自身的专业体系特征深刻地融入在其中。找到人才培养和产业需求结构相结合的切入点，分析在目前的经济环境下，可以采取哪些行之有效的措施来改进人才培养的供给侧改革，在加强教师队伍建设的同时，构建出一个以产业需求为导向，与产业链、人才链紧密结合的学科专业体系，并构建一个以产业需求为导向的人才培养结构机制，把培养创新型技术技能人才作为最终目的，从而让产教融合模式在高职大数据与会计专业教育中的影响力得到进一步提高。要想让人才培养供给侧与产业需求结构要素相融合，除了要有健全的措施以外，还需要对实施效果展开评价，并根据评价反馈，及时地更新调整，力求为社会产业需求培养出类拔萃的人才。

4. 创新高职院校大数据与会计专业人才培养理念

创新培养理念，是构建嵌入产业链的会计管理人才培养模式的前提与切入点。创新培养理念需要从以"知识"为中心的"供应型"教学观念转变为以"就业"为中心的"需求型"教学观念。也就是以满足社会科技与经济持续发展需求为核心，以学生未来的适应能力为目标，在课程体系、教学内容和教学方式等环节实行集成联动。对于大数据与会计专业来说，提高办学质量，提高学生为产业链服务的水平，提高学生对会计有关问题处理的弹性，培养出嵌入产业链的"一专多能型"会计管理人才，是提升会计专业办学质量、增强服务现代产业能力的必然选择。

5. 优化高职院校大数据与会计专业课程体系

伴随着高职院校大数据与会计专业办学规模的不断扩张，会计人才的市场已经逐步进入到了一个"买方市场"的时代，在这个时代中，我国的经济和社会发展对于会计人才的差异性要求与高职院校大数据与会计专业的人才培养标准之间存在的矛盾变得越来越突出。仅仅是以"学历"为核心来设置的专业课程，很难适应会计岗位职业素质的内在要求。所以，从现代产业发展的需求和学生职业发展的需求出发，重新构建将学历教育、职业资质教育与产业素质教育有机结合起来的大数据与会计专业课程体系，成了以行业为背景的高职院校培养应用型会计创新人才、满足社会对熟悉产业流程的会计人才需求、规避国内高职院校大数据与会计专业办学同质化的根本任务。

6. 再造高职院校大数据与会计专业人才培养流程

高职院校大数据与会计专业人才培养是一个系统工程，在教学组织、教学运行、教师队伍建设等方面都提出了更高的要求，在课程体系、教材体系、实践基地和考核体系等方面均需要进行改造。例如，以校企合作的方式，在校内教育委员会的领导下，吸纳业界有关的企业和其他机构的高级会计人才，参与培训计划的制订、课程的开发、专题讲座、实习的设计和毕业设计指导等。为学生安排专业学习导师，引导学生做好职业规划，并渗透人文关怀。在毕业设计这一环节中，实施校企双导制，以提高学生利用专业知识，寻找和解决与产业财务有关的问题的能力。借助行业相关企业和行业协会等外部机构，将以理财沙龙为主要载体的第二课堂引入常态化的教育轨道上。

六、高职大数据与会计专业紧密对接产业链的专业体系实施思路

（一）实践性导向

大数据与会计专业是一门实践性较强的学科，想要提升学生的综合技能，就需要到企业中深入地体验实际工作过程，并且也需要具有实践导向作用的教师进行实践课程的指导。而这就对专业教师提出了更高的要求，需要其在相关企业中从事过与会计专业相关的工作；并且还需要以相关企业的业务实践为导向，对课程体系和教学内容进行系统性的设计。构建课堂理论学习、校内专业实践和校外专业实习三者之间的联系平台，让学生在理论学习和实践经验的相互影响中，提升自己的专业领悟能力，提高专业技能水平，从而获得能够适应现代产业发展需要的会计专业能力和职业素养。所以，建立大数据与会计专业的人才培育体系，不能只靠理论知识，还需要经过实践的提炼、归纳和总结、思考和改进，并在专业的实践中不断地完善和发展。

（二）双主体导向

"双主体"，即在课堂教学中，师生双方都是课堂教学的主体。人才培养是一种典型的"合作性、互动性的生产"，因此，只有将师生两个主体的积极性和主动性都充分地调动起来，才能加强教学过程中的协同效应，提升大数据与会计专业教学的实效性。在"双主体"教学模式下，教师与学生一起就与会计岗位有关的问题进行讨论和分析，并在质疑和辩论中寻求问题的解答。在专业课教学中，应把人性化的心理关怀贯穿其中，以提高学生的知识水平，积累学生的专业能力，培养学生的健康个性。所以，在构建大数据与会计专业的人才培养体系的时候，应该将教师和学生两个主体之间的合作关系充分发挥出来，争取得到教师和学生的一致认同，以达到预期的效果。

（三）开放性导向

会计职业既是国际化的商业语言，也要真正地为企业的业务发展服务，而企业的经济活动又是在开放的环境中进行的。为此，在构建大数据与会计专业的课程时，应充分体现出开放性思维。在这种思维导向的影响下，教学内容需要能够反映出最新的财务法律的要求以及国际前沿的动态，不再是单纯的课本教学，而是要将课本与学术期刊、网络资源以及教学案例等有机地融合在一起，形成立体化的教学资源。人才的培育方式从过去的高职院校单方面培育转向面对社会需求，并吸纳有关企业合作的培育模式。教育过程从单一的"灌输"向"双向""多向"的"互动"转化。评价方式从以高职院校为单位的评价，向引入产业中的支柱企业等社会性组织进行开放性的评价转变。所以，在产业链中进行的大数据与会计专业人才培养模式的构建，是一个开放性的过程，要面向产业发展、面向社会、面向国际，汲取新的知识和新经验、新成果。

第二节　产教融合背景下大数据与会计专业
人才培养的创新路径

一、产教融合的背景与含义

（一）产教融合的背景

2017 年 12 月 5 日，国务院办公厅发布的《关于深化产教融合的若干意见》中明确指出，深化产教融合的主要目标是用 10 年左右时间，基本解决人才教育供给与产业需求结构性矛盾，建立健全以产业需求为导向的人才培养模式，使良性互动的产教融合的格局基本形成，并且加强高等教育和职业教育对经济发展和产业升级的贡献，从而全面推行校企协同育人。当前我国教育事业发展迅速，为社会培养了大批优秀的高素质人才，但是受教育机制等因素影响，人才培养供给侧和产业需求侧仍然存在"两张皮"问题，二者在结构、质量、水平上还不能充分融合。在产教融合背景下，人才培养不仅要注重专业知识的提高，还要将人才培养与产业需求结构要素融合，使教育链、人才链与产业链有机结合，全面提升人力资源质量。

2017 至 2018 年，国务院办公厅和教育部等部门出台了数个关于深化产教融合和促进校企合作的文件，从多方面提出了推进产教融合的举措，为诸多校企合作方面存在的难题提供了解决方案。① 从这一系列的文件可以看出，国家对于"产教融合，校企合作"秉持着高度重视的态度。产教融合是实现校企合作的重要途径。目前，不少高职院校积极响应国家的号召，开放办学，积极开展了大量具有特色的"校企合作"活动，整体发展势头

① 杨阳. 高职会计专业优化"产教融合、校企合作"路径研究［J］. 产业与科技论坛，2020，19（22）：132－133.

良好。但是，这一政策的实施效果并不理想。因此，从产教融合的角度对校企合作中存在的问题进行剖析，探索校企合作的优化途径，对促进高职教育的创新与发展具有重要意义。

（二）产教融合的含义

国内的许多学者对产教融合的内涵已经做了许多的研究，随着研究的不断深入，产教融合的内涵已经十分清晰。"产"指的是产业界，"教"指的是教育界，"融合"表明了二者的关系较合作更为密切。[①] 产教融合应该由更多的主体来进行，所以产教融合主要是指高职院校、企业、产业、政府等各方面的主体，利用产学研相结合的方式，推动高职院校对人才的培养和对当地经济的服务，进而达到了一种协同治理的办学方式。

简而言之，在目前的高等职业教育中，产教融合是一种新型的教育策略，它以实际的行业实践为依据，与学校教育相结合，产业与教学统筹合作，互相促进，学校为企业输送人才，企业为学校提供实践指导，将工作与学习相结合，理论与实践相结合。这种将"学"和"做"有机结合的教学模式，将为我国培育出适应市场需要的应用型、全面型、技能型和创新型的高素质人才。产教融合指的是将高职院校所开设的专业与相应的行业相联系，从而进一步完善并提升院校的人才培养、科学研究和产业服务功能，达到行业与教学相互扶持、相互促进的目的。而职业教育自然就会与产业有着更为密切的联系，在产教融合的理想条件下，它可以为产业输送发展所需要的人才，与此同时，产业则可为职业教育提供行业发展资讯、技术和资源，促进职业教育进一步发展。而一旦可以让这种互助形成一种良性的循环，能够受益的不仅是职业教育和产业界这两者，还能够带动整个社会经济的发展，同时，职业教育水平的提高也能够提升职业人才整体素质，这两方面都可以让整个社会均受益。综上所述，职业教育走向产教融合也是一种必然性的结果。

产教融合的主要内容有：校企对接，专业设置与行业企业的岗位需求

---

① 陆秋宇. 高职产教融合协同治理研究 ［D］. 扬州：扬州大学，2022.

对接，课程内容与行业标准对接，教育与生产相结合，教育与职业资格相结合，职业教育与终身教育相结合。① 我们需要明确的是，产教融合与校企合作本质上是有区别的，从校企合作到产教融合并不是一种简单的升级。校企合作的目的是提升教育的质量，需要保持教育的核心立场，而产教融合则有着教育性、经济性等内涵。在现实生活中，校企合作主要关心的是人才培养的过程和方法，产教融合则对办学的主体、形式、体系以及与之相关的制度安排更为重视。

产教融合是高职院校教育发展的根本途径。在新时代的背景之下，国家和各级政府一直在积极推动着产教融合和校企合作的发展，但是在实践方面的探索却没有取得明显的成果。在高等职业院校的大数据与会计专业中，也存在着产教融合的实践路径问题，并且这个问题非常突出，对育人效果的提升产生了严重的制约。2022 年《中华人民共和国职业教育法》指出，职业教育必须坚持产教融合、校企合作，坚持面向市场、促进就业。这标志着产教融合在职业教育体系建设进入了法治化进程。②

（三）推进产教融合的必要性

过去，高职院校所培养出来的人才常常与企业所需的有很大的差距，企业在毕业生入职后还需要花很大的精力去做岗前训练。之所以如此，主要有三个方面的原因：其一，负责人才培养的高职院校很难掌握行业动态，因而不能在人才培养方式方法上做出适时的调整；其二，高职院校的学生在学习专业知识时，对生产过程中所涉及的各种因素，没有直观的了解；其三，在人才培育方面，企业没有发挥应有的作用。对于以营利为目标的企业来说，若能对学生在校期间进行岗前培训，缩小校内知识与岗位实际需求之间的距离，将会大大提升企业运作的效率。在当前的新时代，我国正面临着许多的挑战，而这种客观的环境也对高职教育提出了更高的要求。

---

① 陆秋宇. 高职产教融合协同治理研究 [D]. 扬州：扬州大学，2022.

② 刘东. 新时代高职院校财务会计类专业产教融合的困境与突破 [J]. 产业创新研究，2023（02）：190－192.

产教融合的基本目标是学生、高职院校、企业和社会实现多赢，主要体现在以下几个方面：

1. 推进产教融合，有助于提高职业教育质量

职业教育以就业为导向，以服务为目标，向社会输送生产、管理和操作等方面的基层人才，所以，高职院校的专业设置和课程标准都具有很强的职业性和应用性。产教融合的思维方式与职业教育的特点非常吻合，以此为基础，把企业的需求和学校的教学联系在一起，既可以促进企业的生产力发展，又可以让学生们拥有更多的技术和知识，实现优势互补、利益共享。对高职院校的人才培养方式进行创新，有利于高职院校的可持续发展。

在制订和执行"校企合作"项目的过程中，主要以学生为主，这与他们的专业发展需求相一致，能够提高他们的实际操作能力，让他们能够尽早开始规划自己的会计事业发展，确立较高的职业目标，激发学习的热情；将当前的学习和今后的工作相结合，为今后在会计岗位上的职业发展提前做好知识、能力、素质的储备。经过校企合作项目的锻炼后，学生一般都能够拥有较高的专业素质，对会计岗位的实际技能产生基本的认识，对未来与会计有关的工作岗位的职业需求也产生一定的认识，让学生们能够感受到团队协作的精神，与此同时，学生们的职业道德和认真的工作态度也可以在这个过程中获得很大的提升，而且还可以获得一些额外的经济收益。

2. 推进产教融合，符合行业企业的需要

产教融合的计划与实施，与企业的特征和企业对于员工的需求相结合，与企业的发展趋势和人才培养目标保持一致。目前，在传统的高职教育中，通常以理论课为主，而这些理论性知识在实际工作中应用极少，走入工作岗位后学生多会感觉茫然无措，还需要针对岗位需求重新进行学习，并需要企业对其进行就职培训，因此，企业经常需要在短时间之内，耗费很多的时间、金钱和人力资源。将产业与教学融合在一起，将企业的实践作为课程的一部分，企业就能够在学生接受学校教育的时候，将学生视为自己未来的准员工，对他们进行培训。而一个真实的职场环境和工作氛围，可

以帮助学生建立起职业责任感，并积累岗位经验。将员工的招聘和培训工作提前到学生在校期间进行，使得学生在进入工作岗位后就能够胜任职位，可以极大地节约公司的时间和培训费用。高职院校在制订校企合作项目的人才培养方案时，要将企业的人才需要进行充分的考虑，有针对性地对学生进行培训，从而提升学生的实际应用能力和职业素质；企业能够在其中选择出最好的员工，从而减少了人才的选择和训练的费用，与此同时，学生们对企业也能够产生一定的了解，并产生一定的情感，对于提高企业的整体凝聚力也有助益。如果企业愿意和学校通过商谈进行订单培训，建立一个冠名班级，那么上述合作的优势就会更好地发挥。除此之外，企业和学校展开校企合作，也能够借助于高职院校的渠道对公司进行广泛的宣传，在学生、家长和社会的各个方面都能够提高知名度，从而创造出了一个潜在的顾客群体，这增加了营销方面的无形收益，扩宽了销售渠道，对企业的发展具有积极的影响。

3. 推进产教融合，有助于提升师资队伍素养

要想真正地实现产教融合，就需要将一些专业教师送到企业去进行历练，教师可以获得在企业第一线工作的经验，从而让他们的知识体系变得更加完整，也让理论性知识能够和实践操作结合得更为紧密。同时，教师们能够把他们在企业中获得的实际工作经验应用在课堂教学中，不仅能够提高他们的教学水平，还能够提升学生在实践方面的水平。"产教融合、校企合作"能够让教师获得学校与企业的双向优势，还能够提升他们的实际操作和指导水平，这对于构建一支既具有理论知识又具有技术技能的教师团队具有很大的帮助。

4. 推进产教融合，有助于高等职业教育的发展

产教融合是一种与高职院校发展内涵相适应的教学模式，是高职院校发展的必然选择。开展"校企合作"的项目，对大数据与会计专业来说，是一次千载难逢的发展机会，可以以这个项目为依据，开设与企业、行业需求相适应的会计课程，推动高等职业院校课程体系的构建与专业的发展。根据企业招聘需求，从理论与实际相结合的角度，加强对高职大数据与会

计专业的教育，可以提升院校的综合水平，提高毕业生的就业率，还能够推动大数据与会计专业的品牌构建。在与企业和产业的合作过程中，高职院校可以选择具有实力的合作方，充分发挥企业的教学资源优势，这样可以最大限度地降低学校在实训设备、专业师资、实习基地等方面的投资成本，并减轻教师的实训压力。在构建诸如实践基地等传统的合作关系之外，高职院校还可以将这种合作逐渐拓展到对现有人才培养模式进行改革，共同探索办学模式，推动高等职业技术学院的可持续发展。

5. 推进产教融合，有利于社会的和谐发展

校企合作项目管理的规划和实施符合我国高职大数据与会计专业校企合作项目，体现高职教育的发展方向，也是政府着力推动化解大学生就业难题的重要举措。我国高职大数据与会计专业校企合作有利于真正落实"以能力为核心，以服务为宗旨，以就业为导向"的职教理念，形成招生与招工、实习与就业同步的校企合作新局面，解决了学生就业的后顾之忧，在当今就业竞争形势十分激烈的情况下，有利于社会和谐稳定发展。

二、产教融合存在的问题及分析

（一）高职大数据与会计专业产教融合存在的问题

1. 相关主体参与协同治理的意愿不足

据了解，目前在湖南省部分高等职业院校大数据与会计专业的产教融合的推行中，"言多而行动少"的情况仍然较为普遍。在查阅了有关资料之后，笔者就这个问题向其他的产教融合参与方进行了询问，结果发现，这是在一些高职院校和企业中都存在的一个现象。

企业参与产教融合的本质性原因是能够节约人力资本、提升企业自身收益等与利益相关的因素，而高职院校参与产教融合的本质性原因则是为了应对政府考核，双方的出发点并非其能够为高校的人才培养和企业的实际运营带来切实的利益。在当前的"校企合作"模式中，多以高职院校为主体，主要方式是教师先在课堂中向学生讲授一遍理论性知识，然后再让学生们下沉到企业中进行实习。会计岗位工作特点决定了实际操作经验的

重要性，但是，这种经验很难通过企业短期实习经历而获得，需要长时间的积累，从这个角度来看，这种实践性经历对学生们能力的提升作用有限。而从企业的角度来看，学生的水平有限，短期的实习也不能够为公司带来任何价值，这种实习企业通常不会向高职院校收取费用，没有经济效益的同时还需要耗费自身的人力物力，几乎没有益处。并且，因为会计工作自身的特点，大部分的企业都很难接收较多数量的毕业生进入会计岗位，当下高等职业院校毕业生的素质也达不到企业对人才的要求，而在短暂的实习过后，也极少会有学生选择留在实习企业工作。以上种种，导致合作企业在人才培养上缺乏积极性。在校企合作中，企业无法使利益最大化，从而导致这种合作更多地变成了一种形式，企业积极性不高，参与度不深。

导致相关利益合作方意愿不深的原因是多方面的。产教融合在我国属于近十几年来出现的一种新兴现象，实际上实施的时间并不长，而传统教育观念在我国各高校中却仍然存在着根深蒂固的现象，"重文轻技"是我国传统教育中一种代表性的思想，在现代则转化为"重视普通教育而轻视职业教育"，这种思想对产教融合的各方面都产生了不同程度的影响，而在性质上的差异又会对公司的参与动机产生影响。同时，组织目标本质上的不同也影响着企业的参与意愿。高等职业院校肩负着"立德树人"的基本使命，但是，在产教融合的建设和管理中，企业必然会期望通过参与能够获得所预期的利益。

2. 院校缺乏进一步发展产教融合的自主性

一直以来，学界对于产教融合中各主体的参与意愿的共识都是"校热企冷"，这也属于校企合作项目的普遍现象。学校对于产教融合在育人环节中的重要性是有正确认知的，也很乐意去做，但企业因为多种因素参与合作的积极性不高。许多高等职业学校的大数据与会计专业虽然也进行了一定程度的产教融合实践，但是院校本身却缺少了对其深入发展的自主性。这主要是由于，整个产教融合的方向仍然掌握在政府的手里，这种状况必然会对整体产教融合的协同治理产生不利的影响。在国家出台的相关政策指导下，各地政府也出台了若干支持高职院校、企业产教融合的政策。现行的产教融合政策是一种集引导、支持和监督于一身的"项目式"政策，尽管对我国高等职业教育的发展起到了积极的推动作用，但是这种"项目式"政策也有其自身的弊端，例如容易导致职业教育的"马太效应"和指令性过强等。所以目前关于"项目制"的支持政策还有很多可以进行仔细考虑的方面。

另外，目前高职院校的发展自主性也受到当下的教育行政部门评价、院校自评的高职教育质量评价模式的束缚。评价体系涉及高等职业所培育的人才为何人而培养的问题，高等职业教育的根本目的是为当地的社会和经济发展而输出服务型人才，若全部由教育主管部门把持，必然会产生种种弊端。

3. 产教融合建设主体较难参与到政策制定当中

根据调查，虽然高职院校和企业等产教融合的建设主体受到了产教融合相关政策的严重影响，却很难参加有关政策的具体制定过程。高职院校作为产教融合的主体，其在产教融合相关政策制定中发挥的作用仍然有限，各个主体的参与途径也缺少了相应的制度保证。而对于以"项目制"为主导的产教融合支持政策，高职院校与企业在政策的制定中难以拥有发言权。

在当前的教育政策制定过程中，也逐渐加入了民众的声音，虽然有关群体的呼声和诉求已经被政府所听取并采用，然而，这种零散的表达却很难成为利益聚集点，更无从谈论起能够成为一个政策方案，并得以顺利出台。

4. 产教融合育人开展的效果不佳

在高职大数据与会计专业的产教融合中，为了应对外部经济环境对人才提出的新需求，高职院校必须与产教融合中的其他利益相关者进行合作。在应对有关的经济形势时，各个组织都以培养人才为根本目的，如果高职院校与企业之间的合作育人在方式与内容上存在问题，将会对协同管理的深入程度造成一定的影响。

面对当前的会计结算电子化的发展趋势，高等职业教育大数据与会计专业联合各企业，也采取了一系列的措施，并获得了一定的成效。现在进行的协作大致可以划分为两种类型：一种是以实习和就业为导向的联合培训，其重点是指导学生获得某一行业的实践经验，培训地点以学校外部的实训基地为主。另一种是向行业权威软件机构购买实训软件，并在平时的实训课堂中加以运用，通过软件对学生的实践技能展开培训，这样的培训基本上可以在学校里进行。

但是，在这个过程中，也出现了很多问题。其一，产教融合的实施方式相对滞后；其二，在进行协同育人的内容上，仍然存在着重视知识技能，而忽视职业精神培育等问题。

（二）高职大数据与会计专业产教融合存在的问题分析

1. 治理意愿受相关主体的外部影响

相关主体协同治理参与意愿的不足，其背后的因素是复杂的。这里仅从外部环境中的因素和相关主体针对产教融合的认识两个角度来分析。

（1）外部环境的影响

外部环境中的文化因素都会影响到相关主体参与产教融合的意愿。文化对于人们的思维与行为有着极其深远的影响。在中国传统文化中，学者以"学而优则仕"为最终目的，某些技能仅能作为一种谋生的手段。在中华数千年的历史长河中，统治者们大多是以农为本，而不是以商为本，这也使人们更加向往走入仕途，大部分的读书人都以能够在科举中取得成绩为荣。

在此种思想的长期影响下，即使是在现代，这种"重文轻技"的传统思想仍然存在着，只是演化为"唯学历论"。学历的水平已经成了评价一个人能力高低的一种主体性标准，拥有一技之长的人很难被人们视作为人才。这也造成了这样一种现象的出现，那就是在大学毕业后，大部分人都倾向于从事管理和科研工作，而不是从事第一线的蓝领工作。企业一般都以学历证书为标准来选择人才，职业学校的毕业生很难与大学本科的学生竞争。"唯学历"的观点，实质上是一种统计性的歧视，当招聘人员的履历信息不够丰富的时候，往往会通过自己的工作经历来判断一个大学毕业生的工作能力要比一个高职院校毕业生强。这就导致了在毕业生每年都增长的情况下，高职毕业生比本科毕业生更难找工作。

而且由于人力成本的原因，蓝领的工作环境和福利待遇一般都是维持在一个合格的水平。这使人们对职业教育产生了轻视，无论成绩好坏，都会拼命地想要考上普通大学，而职业教育就成了那些成绩差、调剂无望的学生唯一的选择。这使得职业院校生源普遍质量不高，而生源质量不高又造成了毕业生的总体质量不高的现象出现。企业看到这种情况，自然也就失去了参加产教融合的积极性，时间一长，就会形成一种恶性循环。

另外，还需要改变高等职业教育质量评价"以教育行政部门为主导，以学校为主体"的"自我评价"模式，积极推进"第三方评价"体系的构建。评价体系涉及高等职业教育为何人培养人才的问题，高等职业教育的根本目的是为地方经济建设和社会发展服务。如果将评价权全部掌握在教育行政部门手中，必然会产生一系列的缺陷，例如，评价具有较强的行政性，价值取向倾向于政府需要。评价指标一般很难考虑到某些学校、某些专业的特殊情况，缺乏监督，评价过程不透明等。

（2）院校和企业对于产教融合认识不足

产教融合的主要对象是高职院校和企业，它们是否能够对产教融合产生全面、正确的认识，会影响到它们参与产教融合协同治理的意愿，还会影响到产教融合实践的成效。

而企业之所以不愿参加产教融合，很大程度上是因为，企业本质上是一种效益型的机构，参与产教融合无法获得显著的效益。然而，从长远角度来看，企业是能够获得效益的，比如通过产教融合所培养出来的优质的人力资源，就是一种关键性的无形利益。在有企业参加的产教融合中，其所培训的学员若能有很大一部分留下来，这对企业来说，就是一种显著的利益。参加过企业培训的学生，会更加深刻地理解公司的规章制度，以及工作岗位所需要的技能和知识。而通过产教融合项目的开展，他们会在企业中停留一段时间，对企业的认同感和归属感就会更加强烈，从而可以在自己的工作岗位上为公司带来更多的价值。这个认知的形成，离不开一种恰当的文化氛围。所以，社会各方都要营造出一种良好的文化氛围，提升企业参与产教融合的积极性和主动性。企业将人才培养纳入自己的成长规划中，承担起相应的责任。

从另一个角度来讲，人才培养可以看作是高职院校、企业等多主体的集体行动。目前产教融合呈现出了"校热企冷"现象，很多企业都把学生的培养视为高职院校的职责。实际上，企业参加产教融合本身就是其应有的责任，而不能被认为是一种附加的包袱。如果企业一直怀有参加产教融合并不赚钱的思想，那么就会造成学生因为缺少所需的技能和知识而没有公司雇佣他们的情况出现，逐渐导致公司很难招募到适合自己的人才。而人才是任何一个行业想要发展的最根本资源，人才缺失会严重影响企业的发展前景。

为了打破企业在人才集体培养中的"缺失"，就需要采用激励的方式来应对。采取一定的奖励机制鼓励企业积极参与产教融合，企业在一开始能够具有较高的积极性，在实施一定时间后，企业就能够从岗位人才培养方面真正受益，进而认识到产教融合的益处，自然也就会更加积极和主动地参与到产教融合中来。

2. 项目制治理政策引发产教融合建设诸多问题

现行的产教融合政策是一种集引导、扶持和监管功能于一身的"项目制"的政策，尽管对我国高等职业教育的发展起到了一定的推动作用，但是这种"项目制"的政策也有其自身的缺陷。

高等教育领域的"项目制"，就是指在政府的指导下和经费的扶持下，以项目的形式，对一个暂时组织的"组织"或者"实体"，进行集中的、有计划的、有步骤的、有目的的建设过程。例如，人们熟知的"985工程""211工程"等，均属于"项目制"在我国高校普遍实行的结果。在高职院校范围中"项目制"也已初露端倪，"双高计划"就属于"项目制"。

为了推动更加具体的产教融合，各地也采取了"项目制"的支持措施。"项目制"支持产教融合的政策在各地的推行，产生了以下几个方面的正面效应：其一，通过"项目制"的推行，促使高等职业院校对产教融合产生关注，从而使高等职业院校的发展策略与我国的总体发展策略有了较大的一致性。其二，通过"项目制"的经费支持，可以为高等职业院校的建设提供更多资金，使其完善自身教学条件，提升育人质量和水平，能够让高等职业院校产生更多的办学热情。其三，"项目制"的领头人是政府，能够加入项目中必然需要满足一定的条件，而为了能够加入项目之中，高职院校必然会结合相应的规范对自身不合格的地方进行整改，这种行为能够提升高职院校的办学水平，也能够对其整体发展速度形成推力。

而除了以上种种正面效应外，"项目制"在实行的过程中，也对产教融合产生了一些负面作用。首先，在"项目制"的制度下，由于对申请者素质的重视，导致了项目申报中存在着"强者恒强"问题，使得相关的扶持只能算是"锦上添花"，而无法达到"雪中送炭"的效果。"双高"院校和一些省属高职院校等已经拥有一定的资源优势，在一些学科领域已经取得了很好的成绩，凭借自身的优秀教学水平，他们能够得到一次又一次的资助，而一些学科领域相对薄弱的院校则很难获得政策和经费的扶持。其次，"项目制"的推行使部分院校夸张成风。国家之所以实施"项目制"就是为了扶持职业学校，但有些职业学校，为了申请项目并通过考核，无限度地夸大自己的项目，这对于产教融合的发展来说，毫无益处。与此同时，职业院校的产教融合发展规划，也完全按照"项目制"的方针来制定，忽视了自身的特点，也没有将自己院校的建设规划融入项目规划的制定之中，缺乏创新意识和个性发展意识。另外，"项目制"的各个项目之间的相关性也比较差，在这个过程中，不可避免地会发生重复建设等问题。

而经过相关调查笔者还发现，与其他的理工科专业相比，高职大数据与会计专业在产教融合的政策支持方面，也存在着一些不足之处。造成这种情况的主要因素是，目前的"项目制"支持政策更多地倾向于理工科专业，而与会计专业的人才培养特征相适应的项目制支持政策仍然很少。因此，在制定有关的产教融合政策时，需要将全部的相关方的需求考虑进去，这样制定出来的产教融合政策才能够全面覆盖高等职业教育领域的。

3. 产教融合协同治理形式和内容较为落后

结合高等职业教育的发展阶段，笔者认为产教融合也可分为以下四个阶段：第一个阶段为高等职业教育的转型和提升阶段，在这一阶段中，校企合作的主要形式为"合作就业"；第二个阶段为高等职业教育规模扩张阶段，在这一阶段中，"合作育人"已成了高职院校和企业合作的主要目的，学生从入学到毕业，企业都会在这个过程中发挥作用；第三个阶段为高等职业教育的内涵发展阶段，在这一阶段中，"合作办学"是高职院校和企业之间的一种重要的合作形式，通常是以共建专业和共建二级学院的方式进行；第四个阶段为新发展阶段，在这一阶段中，高校与企业之间的合作则需要通过"协同创新"的形式来加强自身的品牌影响力。尽管并不是所有的高职院校都与这种分类方式相符合，也并不是所有的高职院校都需要按照这种阶段顺序来进行校企合作，但这种分类对于高职产教融合的开展具有一定的启示作用。目前，大多数高职院校的大数据与会计专业与企业所进行的一系列合作，大体上都可以划分到"合作就业"与"合作育人"的合作形式中。如果采用的是"合作就业"的形式，通常是在第五个或第六个学期安排学生到企业中进行实习。很多学生经过实习之后，直接进入公司，成为公司的一员，他们中的大多数人，也可以在实习中对自己的未来职业规划有一个清楚的了解，因此，公司也可以用这种方式，吸纳一批比较优秀的毕业生，充实自己的人力资源。可以说，这一"合作就业"模式在很大程度上符合了两者在合作开始时的共同目的——就业。

在"合作育人"合作模式中，有些企业提供的大数据与会计专业的教学资源，与目前经济环境中对会计人才的需求相匹配，在此过程中，学生还可以掌握与大数据、财务共享等相关的专业知识。但笔者在调查中发现，在产业融合的建设过程中，部分企业本身并不缺乏会计人员的资源，所以也不需要大数据与会计专业为其提供此方面的人力资源，因此，在校企合作中，也没有承担起自己的责任。这种现象的影响主要体现在：首先，由于缺少相应的企业支撑，高职大数据与会计专业的师资力量相对薄弱，当授课内容发生变化时，专职教师就必须从头对相关知识进行学习，并重新设计课程。其次，课程教学所需要的同时具备扎实理论基础和丰富实践经验的教师存在着招聘难的问题。

综上所述，高职院校急需对产教融合的形式进行创新。具体可以从两方面入手，其一，高职院校和企业之间共享人才，让高职院校中有扎实理论知识的教师进入到企业中，以兼职工作、举办讲座等方式，提升企业内员工的理论知识水平；而企业中拥有一定工作经验的员工，则可到高职院校中兼任实践教学的教师，提升学生的实践操作水平。其二，高职院校和企业以共建二级学院等方式联合办学，企业就能够主动且及时地将行业新知识共享给院校，让学生能够及时地学到最新知识。另外，高职学历教育一般时间为 3 年，一些知识的学习是不够充分的，因此，可以在以上合作方式的基础上，以专升本方式，适当延长学生的学习时间，让学生能够更充分地掌握企业就职所需要的知识。

在产教融合协同治理的内容上，比较缺少与优良的会计职业精神相关联的教育。目前，我国职业教育存在着以"应用型"和"技能型"培养为主的现象，主要是因为"以就业为导向"和"对职业教育理念的错误解读"，高职院校常常不重视学生职业精神的培养。当前高素质的人才仍然十分缺乏，这种高素质既表现在职业技能方面，也表现在职业精神方面，尤其对于会计岗位来说，职业精神是尤为重要的，所以，高职大数据与会计专业应将会计岗位的职业道德教育渗透到教学的各个环节中，尤其是在"产教融合"的情况下，更要重视对会计职业道德的培养。杜威的教育思想对当今的职业教育有着深刻的影响，特别是"做中学"这一理念，可以作为当今职业教育发展的指南。实际上，杜威在主张"职业教育"的同时，也不主张"职业教育"与"普通教育"的分立。根据杜威的观点，"普通教育"也是为了"培养多种职业"，而"职业教育"又要求学生具备一定的"文化修养"。所以，在目前的高等职业教育中，我们还是要学习杜威的理念，要全面看待学生的职业相关能力，清楚地认识到知识和技术并不代表着职业能力的全部，职业精神和人文素养同样包含在职业能力之中，并且是决定学生能够在职业道路上走多远的关键。

三、产教融合的实施步骤

高等职业院校大数据与会计专业"产教融合，校企合作"项目的实施受到诸多因素的制约。为了确保校企合作能够顺利有序开展，可以按照以下四个步骤实施：

第一步，启动项目。这一步主要的工作是确定项目的负责人和团队。项目负责人通常由会计学院（系）的负责人兼任，而项目团队中则一般需要包含来自企业的会计岗位专家、学院中水平较高的骨干教师以及负责教授学生的一线教师等。在确定具体的项目成员后，明确每个成员的工作范围和责任，才能够让项目顺利展开。

第二步，项目规划。任何项目想要顺利地实施都需要先做好规划，校企合作项目同样如此，项目规划的存在能够让项目的实施过程有一个总的方向和目标，使项目能够顺利地进行。而在作出校企合作项目规划前，需要以企业为对象展开问卷调查，调查内容主要为两方面：一方面是针对会计岗位人才需求的调查，另一方面是对校企合作满意程度的调查。在问卷调查结束并回收后，通过统计分析，明确校企合作项目的开展目的和实施方向。

第三步，项目执行和管理。这一步是项目开展的核心部分，其在整个项目中无论是在时间长度方面还是在资金消耗方面都占据了较大的比例。项目的执行和管理主要包括了校企合作创新模式、师资力量的建设、专业课程的设置、实践训练基地的建立等几个方面的工作。

第四步，项目收尾。这一步就是要建立高等职业院校大数据与会计专业的校企合作绩效评价体系，针对项目的开展和结果进行评价，其对于校企合作项目来说具有至关重要的意义。这是因为，借助这一步骤，可以让项目主体找出在实施项目的过程中存在的缺陷，针对这些缺陷提出改进意见和建议，并在下次项目的开展过程中予以改进，形成良性循环，进而推动高职院校和企业之间的长久性合作的形成。

四、产教融合的实施策略

（一）坚持企业先导

校企深化合作项目要加强企业的实时参与能力，让企业全面地参与到教育教学的各个环节之中，具体来说，包含以下环节：环节一，企业可以将自身对人才的具体要求提供给高职院校，并参与高职院校人才培养方案的制订。环节二，在学生入学后的一年级时段中，组织各类行业专家举办讲座、分批参观企业工作环境等，使学生对各类行业的会计岗位工作流程有基本的了解，对会计工作有基本的认知；根据出纳岗位、会计管理岗位的工作职责及能力要求，明确自身的学习重点。环节三，在二年级的时段内，在课程体系中加入与职业技能有关的实训课程，此时的实训可以在校内完成，具体的指导工作可由校内的实践课程指导教师和企业兼职教师共同负责。在实训开展的过程中，利用真实的企业模拟个案，让学生们能够了解到各种会计工作的实际操作技巧，并激发他们对这一职业的热情。环节四，在三年级时段内的第一个学期，组织企业的专业人士做专题报告，向学生们宣讲企业的招聘需求及用人要求，让学生们能够为就业做好全方位的准备。环节五，在第六个学期期间，让学生到企业的岗位上开展实训学习，由岗位老员工做兼职教师，带领学生进行实习，全面提升学生的职业技能。

（二）创新校企合作模式

1. 把校企合作贯穿始终

在学习与培训的时间跨度上，依据建构主义的理念，将"学校与企业"的协作贯穿于学生的整个在校学习过程中。在新生入学后不久，就可以开始进行专业认知实习，在此过程中，不仅可以让学生们对校企合作的内涵有所了解，并且还能够对从事会计岗位所需要具备的知识和技能产生基本的了解，为后期的学习做好清晰的规划并奠定坚实的基础。而在安排与会计岗位相关的理论知识之外，还可以针对流通企业、制造企业等企业的核算内容，引进成本核算与管理等课程的学习，从而让学生们能够更加了解企业的有关核算业务。在实训基地的使用上也应以灵活为主，因为会计工作具有一定的保密性质，所以在与企业的交涉中要有一定的灵活性。企业同意享用的会计核算资料，经过学院教师的整理编制成一套实训资料。

2. 对传统的校企合作的模式进行创新

建立准员工 1 + 2 模式、双业融通订单式、成立财务咨询中心，承揽一些代理记账公司的记账业务、企业岗位承包等。

准员工 1 + 2 人才培养模式体现在：企业 1 年、学校 2 年，具体如表 4 - 1 所示。

表 4 - 1　1 + 2 人才培养模式

企业 1 年 企业为主，学校参与	学校 2 年 学校为主，企业参与
岗位实习	专业知识
远程教学	专业技能学习
学中做	综合专业能力
做中学	生产性实训

双业融通订单式人才培养模式：校企共同制定人才培养模式的方案、构建课程体系、建设实训实习基地，使学习内容与岗位要求、学习过程与就业训练结合，达到专业与职业的融通。

高职院校探索建立校内学生实训的校企合作新模式，成立财务咨询中心，承揽一些代理记账公司的记账业务；校办企业、校内超市的财务会计核算业务也要及时承担，开展学生的实践训练。

3. 探索新的办学体制

高职院校要持续深化校企合作培养机制，与合作企业从师资互聘、教师顶岗、学生实习、合作交流等领域开展深度合作，还可以举办企业冠名班级、合作性的班级等。对混合所有制办学进行探索，建立混合所有制二级学院，推动产教深度融合，进而提高人才培养的质量。

如果高职院校中的其他专业建设了校办企业，大数据与会计专业则可以安排一些学生，为这些企业进行财务核算，如此，学生能够通过实践性的操作获得一定的经验，同时也可以实现院校相关专业之间的校企共建。也可在校内设立真实会计核算工作室，为学生提供实习场地和设备，开展全真会计实训。

高职院校利用上述多种办学制度，来激发学校的办学活力，从而提升学生的培养质量；突出学生实践能力的培育，从而提升他们服务地区社会的能力。

4. 建立校企合作的专业体系

(1) 设置校企合作项目专职机构

专职机构的作用就是专门来处理校企合作的有关事宜，负责人可由院校方负责人兼任，而后分别由双方提供专业技术方面具有较高水平的教师和专家，组建项目建设委员会，负责具体处理相关事务。如人才培养方案的制订，专业课程体系、课程内容、教材内容等方面的改进，实习课程的规划和实施；校内实习相关软硬件条件的改善、双师型师资队伍的建立、实训基地建设；校企合作的计划书、协议书、实施方案等的制订；对教学活动进行考核与评分；以及做好互聘制度的协调，学生岗位实习以及企业员工到校训练等日常工作。

(2) 开发大数据与会计专业校企合作的课程

针对大数据与会计专业实践性强、时效性强等特点，高等职业院校应适时调整课程设置，并针对目前中小普惠金融企业、物流企业等的发展，适时开设"中小金融企业会计""中小物流企业会计"等课程，拓宽学生的知识范围，使其更好地适应新的岗位需求，使其在毕业后更好地适应新的就业需求。并且，在新课程的开发过程中，也可以用校企合作的方式来进行，结合合作企业的具体用人需求，对课程的框架和内容进行构建，使培养出来的人才与企业用人需求完全一致，让校企合作进一步加深。另外，目前所开设的课程中，如果有内容类似或关联度较高的类型，可以整合为一门课程，如可以将"成本会计""管理会计"合并为"成本核算与管理"，让学习内容能够更具有整合性，节约学生的学习时间并提升学习效率。

（三）加强双师型教师的培养

1. 双师型教师建设的内涵

"双师型"教师即兼具专业知识与技术技能的教师。"双师型"教师从学术概念变成政策概念最早出现在 1995 年《国家教委关于开展建设示范性职业大学工作的通知》中。"双师型"教师队伍建设作为一项政策内容正式出现在 1998 年国家教委的《面向二十一世纪深化职业教育教学改革的原则意见》中。[①]

近几年，国家越来越重视"双师型"教师队伍的建设，并出台了一系列的政策。2019 年年初国务院正式印发的《国家职业教育改革实施方案》（以下简称"职教 20 条"）要求"双师型"教师占专业课教师总数超过一半，且在《职教 20 条》的纲领性文件里面就有 9 条关系到教师队伍的建设和发展规划，其中第十二条更是明确了"双师型"教师队伍如何建设的多项举措；[②] 2019 年 10 月，《深化新时代职业教育"双师型"教师队伍建设改革实施方案》（以下简称《职教师资 12 条》）颁布，从专项政策的角度集中对"双师型"教师进行政策规划，提出的《职教师资 12 条》从标准体系、基本制度、管理保障机制、六大举措 4 个层面对职教教师队伍进行了战略层次的安排；[③] 随后在 2020 年《职业教育提质培优行动计划（2020—2023 年）》和 2021 年《关于推动现代职业教育高质量发展的意见》中，都将提升教师"双师"素质、强化"双师型"教师队伍建设作为职教改革的

———————

① 黄丽娟，段向军. 高职院校"双师型"教师队伍建设存在问题及对策建议［J］. 文教资料，2023（01）：195–198.

② 薛志国. 新时代背景下会计专业双师型教师团队建设研究［J］. 环渤海经济瞭望，2020（10）：142–143.

③ 薛志国. 会计专业在双师型教师建设中存在的问题及建议［J］. 环渤海经济瞭望，2020（09）：130–131.

重要支点。① 2022 年，为了加快推进职业教育"双师型"教师队伍高质量建设，健全教师标准体系，教育部办公厅发布《关于做好职业教育"双师型"教师认定工作的通知》。②

从 2019 年开始，我国职业学院和应用型本科院校相关的专业教师要从具有 3 年以上企业工作经历并具有高职以上学历的人员中公开招聘，以后将不再从应届毕业生中招聘教师。建立 100 个"双师型教师培训基地"；职业学院教师每年至少要在企业或者实训基地培训一个月，且推动企业工作人员和学院教师的双向流动。③

2022 年的政府工作报告将我国职业教育发展放在了更加突出的位置，显示出职业教育在我国经济结构转型升级、人才结构体系建设等方面的重要作用，而关乎职业教育发展的关键与核心还是教师队伍的建设，如何有别于传统的理论教育，凸显职业教育的优势，都在于教师的建设和发展，足见"双师型"教师队伍建设的重要性。④

2. 高职大数据与会计专业双师型教师的认定标准

在过去，关于双师型教师的认定上，一直存在着一些分歧：一是有企业实际工作经历，这一观点应当获得更多的认同，但是每个人所具备的能力是不同的，只要深入到企业中对实践知识进行过实践，就能够认定其为双师型教师的观点未免过于武断。二是拥有执业资格证书。在国家清理各项不规范证书之后，还剩下的具有准入资格的证书，到 2019 年 1 月为止，只有 35 项，其含金量之高毋庸置疑。三是拥有专业技术资格的证书，比如会计师、经济师等。这类专业技术资格在职称评审方面，初级和中级以考代评，主要被用来评价专业技术人员的水平。四是"双师型"师资，即既

---

① 曾阳欣玥. 产教融合视域下高职财会专业"双师双能型"教师职业能力提升路径研究 [J]. 中关村，2023（04）：94 – 95.

② 薛志国. 新时代背景下会计专业双师型教师团队建设研究 [J]. 环渤海经济瞭望，2020（10）：142 – 143.

③ 薛志国. 新时代背景下会计专业双师型教师团队建设研究 [J]. 环渤海经济瞭望，2020（10）：142 – 143.

④ 薛志国. 新时代背景下会计专业双师型教师团队建设研究 [J]. 环渤海经济瞭望，2020（10）：142 – 143.

要有很高的专业素养，又要有很高的实践技能。

但是，单纯从实际工作能力或者证书等方面来判断一名教师是否具备双师型资格，这就显得有些过于简单。有的时候，很难单纯地通过学历或者证书来判断一个人的职业水准。但是在会计领域中，学历和专业技术资格可以发挥出相对较高的评价效果，通常情况下，持有这些证书的人在实际操作上要远远超过那些没有那些学历和证书的人。所以，要想要对双师型教师进行度量，就应当对工作进行细化，依照学科特点分门类、分学科、理性地对双师型教师进行界定，而不是采取不科学的一刀切的方式来认定。

对于高等职业技术学院大数据与会计专业教师如何认定为"双师型"教师，2019 年 10 月教育部等四部委下发的《深化新时代职业教育"双师型"教师队伍建设改革实施方案》通知里面明确提出要"建设分层分类的教师专业标准体系"。① 各地要根据自己的实际情况，制订"双师型"教师的职业标准。根据其文件精神，从反映专业技术水平、专业教学水平等方面，针对不同专业的特点，分别制定"双师型"教师的认定标准，而不是简单地将拥有的资格证书和在企业中做过的工作作为区分标准。其实，会计这个行业是一个知识性很强的行业，每一年，国家的会计政策的改变，税法、经济法等法律的更新，都会给会计人员带来无时无刻不在学习的压力，也就是说，会计岗位人员如果不紧跟国家政策和经济发展的趋势对自己的知识库进行及时的更新，就会被淘汰。而除了需要掌握知识外，还需要考取技能等级证书，毕业生在校期间或毕业后第一年就需要考取初级证书，在拥有一定年限的工作经验后，符合条件的还需要继续考取中级证书。而要想不被别人比下去，获得高的收入，就必须还要通过税务师、资产评价师甚至是注册会计师的考试。一般的会计人员从进入会计行业的那一刻起，就已经注定了他们要不断地学习，并不断地积累经验。而那些只有经验而不去进行知识储备的人，将会面临着被淘汰的命运。对于大数据与会

---

① 薛志国. 新时代背景下会计专业双师型教师团队建设研究［J］. 环渤海经济瞭望，2020（10）：142－143.

计专业的人才的需求，在招聘网站上几乎都能看到。除了学历和文凭满足条件之外，在专业能力方面，还需要展现出大数据和会计专业的技术水平。例如，大部分企业在进行会计岗位人员的招聘时，首先都要求有一定年限的实际工作经验，其次还需要具备初级会计师，甚至是中级会计师的素质。在财务经理这个级别，基本上都需要拥有丰富的实践经验，并且拥有中级会计师甚至注册会计师证书。所以，从企业的实际需求来看，高职院校大数据与会计专业双师型教师的基本标准应该是学历文凭＋证书＋实践经验，而且必须是初级会计或更高级的证书。

3. 现阶段我国高职院校大数据与会计专业师资力量建设普遍存在的问题

大数据与会计专业作为我国高职类院校的主要专业之一，要想真正提高教学质量，就必须注重对师资力量的提高。经过相关研究人员的调查研究得出，师资力量对于教学质量有着显著影响，对于培养相关专业人才发挥着重要作用。想要真正实现"双高计划"的目标，就要从教学团队出发，提高大数据与会计专业相关师资团队的专业水平。所以，如何提高高职院校大数据与会计专业的师资队伍水平，笔者将结合目前相关教学团队存在的实际问题，深入探讨师资力量建设的有效方式。

（1）"双师"体系并不健全，师资队伍间缺乏合作

近些年来，我国教育部门针对目前高等职业院校教学队伍中普遍存在的问题，颁布了相关建设措施，提出"双高计划"，为实现高质量教学团队的建设打下坚实基础。师资团队间的协调合作对于提高教学质量有着较大帮助，但是由于目前我国国家级师资力量规模较小，师资队伍间仍然缺乏足够的合作。并且很多高等职业院校为了满足不同专业的要求，多次对其师资队伍进行分割和划分，导致大数据与会计专业师资队伍中成员变动幅度大，更加不利于师资队伍间的团结合作，无法真正建设一支高质量的、高度团结的师资队伍。另外，由于教学团队内人员变动幅度大，导致教学团队缺乏足够的团队凝聚力，并且可能由于队内人员在职业信仰和认同感上存在差异，不利于教学团队的协调创新，限制了大数据与会计专业师资

队伍整体教学质量的提升。

（2）双师型教师建设中存在一些显著的问题

具体表现为以下三个方面的问题：第一，对双师型教师的含义还没有形成共识，缺少统一的评价标准。各个行业在产业融合的背景下均呈现出了复杂多变的特征，人们对于双师型教师的含义也在不断地进行探讨，且一直在发生改变。这就导致没有统一的标准来评价一个教师是否为双师型教师。第二，现有的职称评审制度对双师型教师的指导意义不强，缺少相应的激励措施。目前采用的职称评定制度一直备受争议，也没有根据需求作出改变。尽管国家已经将职称评定的权力交给了各个单位，让他们自己进行评聘，但由于高级职称的数量有限，而且，在评审的时候，个人的奖项、论文、研究项目等，都会占据很大的比重，这样的职称制度无法激发教师追求成为"双师型"教师的热情，起不到指导作用。第三，目前我国高等职业院校大数据与会计专业的双师型教师，在"校企合作"中的实践锻炼成效不显著，无法充分发挥其应有的作用，大数据与会计专业的学校和企业之间的相互交流实质上仅是一种形式，而缺乏实质性协作。

（3）许多高等职业院校并未与相关企业达成合作协议

许多高等职业院校无法针对所需岗位进行培训，实现生产力与教学方向的结合。通过高等职业院校与相关企业的合作，提高相关专业人才的职业技能，是实现"双师"目标的关键。对此，我国相关教育部门针对高等职业院校人才培养存在的问题，颁布了相关方案。方案要求高等职业院校需与相关企业达成战略合作关系，通过将培训资源和专业信息进行共享，将企业的需求准确地传达到相关专业的教学内容当中，真正提高相关人才的专业技能。同时，方案还要求，高等职业院校与相关企业达成的战略合作关系，要以相互共享、相互开放、合作共赢为目的，使我国进一步提高相关专业人才的能力水平，实现输出人才满足相关企业职位要求的目的。但是在现阶段，我国许多高等职业院校并未与相关企业达成合作关系，高等职业院校缺乏与相关企业的联系，使得高等职业院校大数据与会计专业的教学内容并不满足企业内相关职位的要求，不利于相关大数据与会计专业人才的就业和专业能力的培养。对于这些问题，我国相关教育部门颁布了教育改革实施方案。方案针对校企缺乏合作的情况，提出通过鼓励相关企业内技术人员与高等职业院校师资团队的流动，加强企业与学校的联系，更好地将目前相关专业职位的需求融入人才的培养内容中。但是在实际应用中仍然存在诸多难点，其主要原因是我国针对这一机制的相关规范还有所欠缺，无法完全发挥兼职教师的作用。另外，高等职业院校与相关企业针对兼职教师的激励机制并未完善，无法充分调动大数据与会计专业相关技术人员和教师的积极性，难以达成深度有效的校企合作。因此在今后的建设改革中，要重视并解决这些问题，以推动校企之间的合作，实现"双高计划"的目标。

4. 高等职业院校大数据与会计专业师资力量创新建设的路径

（1）建立健全相关机制，将需求作为评价教师资格的标准

为了顺应企业发展的需求，真正实现校企之间深度有效的合作，相关高等职业院校要针对双师型教学团队的建设要求，对大数据与会计专业的师资力量进行深化改革。现阶段我国高等职业院校难以进行双师型教学团队建设的主要因素在于，缺乏双师型教师的资格认证的相关标准，导致大数据与会计专业相关教师无法真正发挥其作用。因此，要想真正实现双师型教学团队的建设，就要从建立完善的双师型教师资格标准开始，逐步完善双师型教师资格认证体系。其一，针对教师的专业能力、科研能力和当前职位的实际需要等几个关键方面完善双师型教师的资格认证规范。并且为了加强对教学团队的管理，要对相关双师型教师的考核制度进行严格规范，鼓励相关教师提高专业能力。其二，引导教师参与企业的技术创新工作，切身体会企业创新发展的方向，紧跟时代发展的步伐，将所需的相关专业知识与教学资源相结合，对教学内容进行适当调整，使其更好地满足企业发展的需要。其三，根据相关企业对职位所需专业能力的要求变化，合理调整相关教师的教学内容，提高大数据与会计专业相关专业人才的适

应能力，满足时代发展的需求。其四，高等职业院校还应对双师型教师进行相关评定与考核，督促教师学习专业知识，提高教学能力，并关注当前职位所需技能的要求，紧跟时代发展，确保教学内容具备科学性。高等职业院校要将双师型教学团队与其创新教育团队相结合，建立高效有序的管理规范，进一步加强高等职业院校与相关企业的合作。

（2）鼓励企业与相关高等职业院校达成合作协议

为了更好地实现双师型教学团队的建设，相关教育部门要鼓励企业与高等职业院校进行深度合作，针对高等职业院校的不同专业进行多个领域的资源共享。通过将大数据与会计专业相关企业的专业技术人员和职位所需技能的信息与高等职业院校的教学内容相结合，充分提高大数据与会计专业相关专业教学的质量。高等职业院校与相关企业在合作的过程中可以寻找双方共同的需求，共同培养出具有相关专业知识和实践能力的人才，有利于双方的共同进步。在双方达成合作后，高等职业院校可以鼓励教师团队与双师型教师共同参与对企业相关技术的研发过程，不仅有利于相关企业提高经济效益，还可以显著提高教学团队的专业技能，可以更好地对教学内容进行适时调整，更好地满足企业相关职位对于专业人才的要求。另外，双方的合作要结合当地社会的实际需要，在相关教育部门的引导下，共同实现命运共同体，达成合作共赢的相关协议，真正发挥校企合作的优势。

（3）优化教学团队体系，培养并选择相关负责人

为了充分解决我国高等职业院校在教学中存在的问题，我国相关教育部门针对高等职业院校教学团队体系的不足提出了相关建设方案。要求高等职业院校在选定双师型教学团队后，要在团队内选择教学能力较高的教师，作为团队的负责人。在团队负责人的选拔上，要建立一套合理的选拔模型，根据这一模型对双师型教学团队的教师进行选择。团队负责人的选拔过程也应制定一套规范的机制，在选拔时要注重对其能否胜任负责人的能力进行考察，并规定严格的入职标准，团队负责人的选拔过程必须经过严格的选拔程序。另外，团队负责人必须有较高的职业素养，并具备相关管理知识。在选定负责人后，要注重对其责任意识的培养，并注重培养其

管理能力和教学能力。领导能力和管理能力是团队负责人所必备的职业要求，团队负责人要将主要工作放在领导双师型教学团队中，明确和划分团队负责人和双师型教学团队的职责范围，避免为团队负责人分配过于繁重的教学任务，确保其有足够的精力发挥其管理能力，领导双师型教学团队对相关专业人才进行大数据与会计专业技能的培养。

（4）对教学团队进行专业培训，引导教学团队提高合作能力和创新意识

高等职业院校要注重对大数据与会计专业相关教学团队进行教学技能的培训，鼓励教学团队提高合作能力，树立创新意识，引导双师型教学团队树立共同的追求，提高教学团队内的凝聚力，共同发挥其作用，实现对相关专业人才的培养。高等职业院校在对双师型教学团队进行培养时，还要注重提高其创新能力，使其适应新的时代发展要求，提高学习新知识的积极性。同时，鼓励双师型教学团队内的经验总结和教学资源的共享，共同提高教师团队的教学水平，鼓励教师之间相互合作，更好地发挥其优势，提高团队整体的职业素养。引导双师型教学团队建立全面的教学体系，充分结合当前企业职位的需求与教学资源，对教学内容进行合理调整，使其更加适合企业发展的需要，培养高度适应时代发展需求的专业人才。另外，建立健全相关激励机制，充分调动教师团队的积极性，更好地开展教学工作。鼓励教师参与企业技术创新，明确当前企业创新发展的方向，加强自身的研究和创新工作，提供高质量的教学资源，推动高等职业院校大数据与会计专业人才相关技能的培养。

综上所述，在高等职业院校中，大数据与会计专业的建设作为师资力量建设中重要的一部分，可以通过与相关企业达成合作关系，共同提高大数据与会计专业人才的技术水平，满足双方的需求。另外，要建立健全双师型教师团队的管理机制和资格认证规范，将相关职位的实际需求与教学内容相结合，引导教学团队提高创新意识，通过不断地对教学模式进行创新和改革，真正实现师资团队教学能力和大数据与会计专业人才技能水平的提高。

五、产教融合教学体系优化策略

对于高职院校大数据与会计专业的学生而言，动手操作能力是其竞争的优势，也是他们的就业之本。而相关统计数据显示，高职院校大数据与会计专业现阶段培养出的大部分学生在毕业后，在职场上只能做较普通的财务核算工作，甚至部分学生自身技能较低，不能胜任基本的财务工作。鉴于此，如何有效突破目前此类困境，让学生能够熟练地参加工作，是当前各高职院校大数据与会计专业教学值得思考的问题。为此，提高学生的实践技能，为社会用人企业提供实用型的会计人才是高职大数据与会计专业教学的迫切任务。这就要求在教学的过程中注重实践教学，从而提高学生操作能力，让学生不但掌握会计理论知识，而且具备会计操作能力，这样在毕业之后可以更迅速地适应企业的要求。由此，笔者对高职大数据与会计专业教学模式创新进行了探究。笔者结合大数据与会计专业的特征，提出了"合作—实践"的新型教学模式。在高职大数据与会计专业进行实践教学的时候，要以企业当前的办公技能、业务处理方法以及工作内容等为依据，让高职大数据与会计专业的学生在共同学习、共同工作的过程中，切身体会到企业会计工作的真实场景，进而提高学生与职业岗位的匹配度。下面是关于这个模式的一些具体实现路径。

（一）改进教学思维

教学思维是高职大数据与会计专业实践系统创建的趋势和根本，决定着高职大数据与会计实践教学体系未来的方向。教师给学生设计岗位化的实践教学任务，应当与时俱进，就像给学生提供一个能表达自己实际工作想法的平台一样。学生想象力更加丰富，通过网络新形式，多元化的实践模式，将内容更加真实化和信息化，使内容不再空洞单调，而是活灵活现，有利于提高学生的实践能力。其实，教学思维的趣味性设计就是用丰富的实践设计形式改变传统的单一教学思维模式。教师要改变以往"统一"的设计局面，再通过网络、多元化的思维实践方法，设置"自助超市"，让学生自己选择感兴趣并且适合自己的教学模式，对不正确的实践现象进行及时整改，对积极的行为进行鼓励，帮助学生建立良好的三观，有效规范实践言行和举止。将实践教学设计的立意通过新课堂模式直接呈现出来给每个学生，使他们建立起探究的意识，不再完全依靠教师，能够选择自己感兴趣的项目。在实践教学过程中，学生可以积极地发现自我存在的问题，主动向教师反馈情况，这样就有利于引导教师找到教学的重点及难点，有针对性地做好教学讲解。单一枯燥的实践模式对学生有直接影响，比如题海战术策略运用不当，不仅浪费人力物力财力，更会加大学习压力。如果转变实践教学方法，能够较好地改变这种状况。教师可以设计更少、针对性更强的实践案例，并将其制作成实践类活动新形式，既可以帮助学生节省时间，又可以引导学生巩固课堂所学知识，为进一步改进实践教学体系夯实基础。

（二）改革教学课堂

在会计教学中，由于不同的学生具有不同的起点和不同的水平，因此，在学习过程中学生们产生的疑问也就不同。通过实践新资源进行教学，能够利用不同角度的不同知识，真正做到分层教学，并根据学生的实际情况帮助学生进行学习。在进行自主学习的过程中，如果学生们遇到了什么问题，他们还可以随时利用网络平台与教师进行交流，提高实践能力，为以后的发展打下基础。通过课堂模式变革，学生参考教材和学校的课堂笔记，可以准确区分教材内容的重要性和主次之间的关系。此外，对于培养学生的互相配合能力和价值观来说具有主导作用。会计实践体系的优化，可以帮助大量的学生拥有进行复习、巩固自己所学知识的时间和机会，使他们不仅没有错过教师在课堂上给他们讲解的一些重点和困惑，而且可以反复练习，提高学习效率。因此，高职院校应注重高职大数据与会计教学产品的研发，充分展现出高职教育的特色。新时代背景下，传统的会计理论课实践任务比较单一，学生学习兴趣不高，已经不能培养出高质量的技能型学生。因此，高职大数据与会计教师应加强校企合作，模拟社会企业实际工作环境，从而达到教学的目的。以学生为中心，改革教学课堂方式，充分利用网络信息化，融入线上＋线下混合教学模式，利用云实训平台，让学生在传统的基础上体验到新形势新变化，真正发挥会计实践教学潜在的价值，提高教育质量；让学生提前掌握实际工作时的相关技能，以便更好地实现会计职业素养的目标，激发学生们的学习兴趣和社会实践能力。

（三）改进教学方式

在传统的教学方法中，学生获得的是较系统的专业理论知识，较少有对专业技术和职业能力进行培养的机会。目前，高等职业院校大数据与会计专业面临着人才培养模式和教学改革的迫切任务。因此，我们需要解放思想，面向岗位和市场需求，进一步深化教育教学改革，深入探讨学科发展的基本规律，构建综合性育人模式。在此基础上，采用最优的教学方式，使学生既能够掌握专业的基础理论知识，又能够具备专业的实际操作能力，从而使学生得到更加全面的发展。要采用多元化的教学手段，提高大数据与会计专业课程的课堂教学实效。例如，引进项目法、情境法、ERP 沙盘仿真法、分层次教学、对比教学、案例教学等教学方法。它们具有目标明确、客观真实、综合能力强、启发性强、注重实践、突出学生的主体性等特点。采用这些方法可以让教学的过程动态化，达成多元化的结果。这些方法能促进学生对理论的理解，能够激励学生进行独立思考，从而提升他们的学习兴趣和学习动机；能够逐步引导学生从侧重于知识的学习转向侧重于能力的提高；能将原本繁复的知识点的学习过程，变得更加生动、具体、直观、易于掌握；能调动集体的智慧与力量，易于激活教师与学生的思维，取得较好的教学效果；可以培养教师的创新精神和实际解决问题的能力与品质；在教育教学过程中，可以将那些"不确定"的知识进行较大的整合，使学生充分了解课堂教学中所出现的两难问题，并学会分析与思考，使教学环境与现实生活环境之间的鸿沟被有效缩小。下面以项目教学法、任务驱动教学法及情景模拟教学法等作为例子，来阐述其具体的运用方式，以提供翔实的参考。

（1）项目教学法

项目教学法是一种教师和学生共同为实现某一项任务而采取的一种教育活动。它的目的就是在教师的指导下，让学生自主参与项目活动，来综合发展学生的行为愿望，并提升他们的综合分析能力。"项目教学法"最明显的特征就是"以项目为主线，教师为引导，学生为主体"，它注重学习者自己对知识经验的学习和掌握，而在此过程中，教师仅仅是一个指导者和协调者。在课堂上，项目教学方法通常遵循四个步骤展开，即确立任务—制订计划—组织实施—检查评价。

下面笔者以大数据与会计专业的"成本核算与管理"课程中的成本费用核算教学为实例，按照以上的步骤，采用"项目式"的方法进行具体的教学说明。

第一步，由教师选定项目并搜集有关信息，在授课之前，学生须先做好成本费用归集分配方法和成本核算教材中相关的数据资料。同时，对于即将要学的内容，学生们也要提前做好预习。教师应该紧密地以教学目的为中心来安排任务，并且要对学生的认识水平进行充分的考量，同时与学校现有的教学资源相结合，注重对学生的职业能力等方面的培养。

第二步，以小组为单位制订计划。以小组为单位，通常每个小组需要有一名组长，其由组员选举或由教师指定。在对学生进行分组时，教师要注意对不同程度的学生进行合理的组合，力求让每一组都包含了班上的高、中、低三个层次的学生，教师也要根据他们各自的性格特征，把他们和其所担任的职位相联系。教师还需要给他们分发"成本费用归集、分配方法和成本会计"的项目指导书，让他们能够在这个指导书的基础上，自己制订出与这个项目相关的计划。

第三步，就如何执行计划进行分组商议，做出决定。由各小组先制定一份方案，然后再对方案的执行进行商议，最后商议出方案的执行过程及执行的具体步骤。这时，教师要提示每个小组需要结合计划进行具体的分工，并且每个人都要有一个明确的工作范围并担负起相应的责任。而后各小组按照经过研讨制订的步骤，开始实施项目计划。

第四步，在项目结束后，进行总结和评价。首先，让每一组学生自己检查组内项目的完成情况，而教师则要从整体上了解每一组学生的项目完成进度。在项目教学的开展过程中，最关键的一步就是学生在未完成项目后所做出的自我总结与评价。在教学的过程中，重视的不是项目完成的结果的好坏，而是学生在项目活动的过程中，是如何做到的，通过具体的项目学习，他们收获了什么，在活动中遇到哪些问题，又是如何解决这些问题的，通过这种学习方式，他们在哪些方面得到了显著的提升。在对项目活动进行评价的过程中，教师能够对学生的项目学习情况进行全面的了解，从而掌握教学目标的实现情况。

（2）任务驱动教学法

"任务驱动"是指学生在教师的指导下，以一项共同的任务为核心，积极地运用学习资源，开展自主探究、交互合作的学习。在教学中，教师应充分发挥引导性的作用，使学生在课堂上形成一股"学习—实践"的热潮。以建构主义为理论依据的任务驱动模式，对"任务"的目的性、实践性、现实性等提出了真实性创建的要求。让学生带着真实的任务学习，培养他们的自主意识。

如在基础会计课会计恒等式关系的教学中，资产和权益作为同一资金的两个方面，在教学上是一个难点，学生不好理解，就可以将任务驱动法引入课堂教学中，进行如下设计：

第一步，向学生发布任务。它既是教师在课堂上所要教授的主要内容，又是学生在学习中所要获得的知识与技能。例如：一家企业要建立一个辅助原料加工工厂，必须先解决什么问题。

第二步，指导学生分析这一学习任务。教师们可以给予适当的提示，首先，企业需要拥有资金才能办厂，这笔资金可以由企业自己出具，也可以由其他单位、个人或外商进行投资。另外，如果资金不充足，还可以找其他的金融机构进行贷款。经过分析、讨论和总结，学生可以清楚地认识到两种主要的融资方式：一种是投资人的投资，以形成所有者权益；另一种是向债权人借入以形成债权人权益（负债），两者共同构成了权益。

第三步，激发学生的思维。教师提出问题，该企业在筹集到足够的资金之后，应该怎样使用它呢？

第四步，请学生们一起讨论。学生们进行讨论后，得出结论：企业可以用资金来建设厂房、购置机械设备、无形资产、原材料等。

第五步，教师进行评价和总结。对学生的讨论进行肯定，并指出企业将其资金用于建设厂房、购置机械设备、无形资产、原料等，这就是对资金的一种运用过程，最后会形成企业的资产。然后得出以下结论：资产＝权益；资产＝负债＋所有者权益。

经过以上的讨论与分析，学生不但能够对"资产和权益是同一资金的两个方面"这一具有难度的知识有了更深层次的认识，也能够更好地理解与掌握"资产＝负债＋所有者权益"这一会计恒等式。实践证明，采用布置实际任务的方式进行教学，在有强烈的解决问题的动力的驱动下，不但能够克服死记硬背记忆知识的弊端，也能够对教学中的难点问题进行突破，并且在学生的积极主动的参与下，还能够持续地提升学生对问题的分析和解决问题的能力。

（3）情景模拟教学法

情景模拟教学是一种具有虚拟性质且实践性很强的教学方式，在现代教育教学中，是比较重要的一种教学模式。情景模拟教学法指的是通过模拟或仿真再现事物或事件发生和发展的环境、过程，使学生能够更好地了解教学的内容，进而快速地提升自己的实践操作能力的一种教学方法。在会计专业的教学中，"基础会计""财务管理""财务会计"等具有实务性的课程，都适合采用情景模拟教学方法，它是根据会计工作的实际情况，对银行、企业、事业单位等的财务部门进行情景模拟教学，使学生通过"角色扮演"的方式来进行学习。其主要目标是尽可能地使学生们在"真实"的情境下，对他们即将学到的东西、将来的工作环境、工作内容等有一个完整而明确的认识，从而提升他们的整体职业素养。

如在"基础会计"课中，可以采用如下的步骤运用情景模拟教学法进行教学。

第一步，搜集资料。教师给学生安排学习任务，并让他们在上课前就会计凭证的编制进行资料的搜集。

第二步，计划决策。根据学生们的意愿分成四组，分组完成后教师可以根据学生们的实际情况，从各小组水平均衡的角度进行适当的调整。在分组结束后，由各组的学生分别担任出纳、制单员、复核人、会计、财务经理等角色，财务经理是该小组的领导者，负责监督角色模拟的整个业务处理流程。

第三步，实施。每一组都按照计划，依次进行会计凭证填制的过程模拟表演：原始凭证经过授权人审批后，传到财务部门——由复核人复核原始凭证——制单员根据复核无误的原始凭证来编制记账凭证，并将原始凭证整理粘贴附在记账凭证后面——复核后传给出纳付款——出纳付款后在凭证上加盖"现金付讫章"印章。在整个模拟的过程中，教师需要对每个学生的具体表现做好记录。

第四步，检查评价。在全部模拟演出结束后，首先要求表演的学生做自我评价与小结，旁观的学生要对表演给予评价意见，然后，教师结合自己的记录对每一位学生的表演进行综合评定，并对其中需要特别注意的问题进行归纳和总结。在进行总评的过程中，一方面，教师要注重以学生为中心，尊重、鼓励、赞扬每一位学生身上的闪光点，重点在于使学生在完成任务的过程中有一种成就感，从而对该任务感兴趣。另一方面，在学生表演中出现的一些缺陷，以及在编制会计凭证时出现的一些错误，教师也要进行纠正，但是需要注意表达方式，不能对学生的自信心造成负面影响。

（四）优化教学设计

通过改进大数据与会计实践教育引入的诸多新形式的教学方式，能够增强大数据和会计专业教学的时效，在课程开展过程中迅速吸引学生的注意力，并丰富教学内容。以直观、形象、生动的教学方式，让学生在全新的教学方式下，积极、主动地进行会计知识的学习，以实现教学目标和综合育人的目的。教师在开展教学活动时要做好课堂教学的前期工作，把各种不同的会计教育方式有机地结合起来，从课前、课中、课后三个方面入手，对教学内容进行优化。如在课堂教学开始之前，将大量的实际个案导入到教学平台上，让学生针对教学内容进行预习和测验。在课堂教学过程中，教师结合课前学生的预习，对其中的重点内容进行讲授，并结合小组讨论、小组汇报、小组竞赛等形式，以学生为核心，让学生能够积极参与课堂活动；另外，还可以通过开展实践技能比赛、游戏抢答等活动，使学生能够充分地参加课程，使他们能够在掌握传统的理论知识的同时，体会到实践课的新的形态和新的改变，使他们能够在实践课中学会一些与职业有关的实践性的技能，从而提升他们的动手能力。在课程结束后，要加强学生职业技能拓展，提升"1+X"职业技能等级证书实践能力，提高其为社会经济发展服务的能力。在课程教学的开展过程中，要从注重教师和学生之间的交流、把握主次注重细节、强调实践技能三个方面，体现出在高职大数据与会计专业教学实践改革中，会计教学实践在运用中需要注意的事项。在新时代背景下，提升学生的实践能力，创新大数据与会计专业的实践课程体系。

在具体的课堂教学过程中，要注重实训环节的建设。在高等职业教育中，大数据与会计专业要结合学生的实际，合理设置课程内容，尽可能使实践课与理论课保持较好的均衡，并在此均衡的前提下，突破教科书中的重点与难点。高职院校应当对目前的市场经济保持一种实时的监测状态，在进行教学的时候要与市场的发展相联系，教师可以在教学过程中引入一些相关的会计案例，这样就可以让学生了解到市场的发展状态和趋势。

在教学过程中，要确保学生校内学习和校外工作的一致性，培养学生较强的实际操作能力。在课程实践教学改革过程中，可以将其分成若干阶段，首先，在讲授教学知识前，在校外实习基地让学生在会计岗位中进行认知实习。之后，在学习课程的同时，可以在学校内和学校外的实践基地开展会计岗位实践，或者在学校的实训室进行会计分岗实训。最后，在完成课程学习后，可以在校外实习基地进行岗位实习，或者在校内实训室进行综合模拟实训。

总之，必须适时调整教学方式，实现实践与理论教学的融合，构建新的会计教学模式，才能有助于高职大数据与会计实践教学体系创新，有助于服务社会经济。

六、实习实训基地的建设策略

最近几年，我国对大数据与会计专业实践性教学进行了大量的改革和研究，从在理论课程中增加实践课时到建立以实践教学为主要内容的教学体系，从开展仿真实训到进行全真实训，使得大数据与会计专业的实践性教学改革正在向着一个工学结合的方向发展。但是，从整体上看，这种探讨大都是以试探性的方式进行的，并没有形成一套完整的理论体系，也没有深入的定义。目前，对高校与企业在实践教学中怎样实现有效合作，实现院校与企业的共建双赢，缺乏系统的探讨。在这一点上，笔者提出了自己的看法，具体建议如下：

（一）选择适应的实训教材

教材是大数据与会计专业实践教学的根本保障。根据高职学生的实际情况，所选择的教材要能够起到一定的指导作用，使其能够逐步掌握专业技术，具体来说主要是选择征订与之相适应的实践教材、项目化的教材、阶段性的教材、典型案例等。选取一套适应的实践教材，要根据产业发展的趋势和专业技能的发展趋势，科学地建立起实践的标准，从而构建起一套科学的实践教材。

第一，实训教材需具有仿真性。实训教材要注意资料的仿真性，以从生产第一线获得的企业数据为基础，来编写实训教材内容，同时还要对不同的现实条件进行考量。设定原始凭证时，不仅要包括真实、合法、合理的凭证，还要包括内容存在问题，或者不合理、不合法的凭证；不仅要设置手续完备的凭证，也要设置手续缺少的凭证。这样，模拟度越高，学生的感性认知就会更强，实训效果就会更好。

第二，实训教材需突出岗位性。实训教材应着重突出会计岗位的性质。为了加强学生的上岗就业能力，在编制实训教材时，首先应将学生综合职业素养的提升放在核心地位。在实训过程中，注重加强培养学生的职业技能，根据不同的岗位和各岗位上所具有的工作内容来设计实训内容，让学生能够亲身体会到每一个会计岗位的工作内容和岗位职责，这对培养职业能力十分有利。

第三，实训教材开发需多元化。高等职业院校大数据与会计专业主要是为企业培养人才，所以教材的开发需具有针对性和开放性。在进行实训教材开发时除了要积极引进产业、教育方面的专业人士，也要积极提倡与企业进行联合开发，虽然在理论知识方面，企业的员工并不如高职会计教师那么丰富，但由于他们从事会计工作的时间相对较长，在工作中累积了许多经验，因此实践经验十分丰富。他们对每个岗位都有详尽的认识，如出纳岗位、成本核算岗位、收入核算岗位、会计费用核算岗位、会计总账报表岗位等。在研发教材的过程中，如果让企业的工作人员也加入其中，那么就可以开发出更多元化更适用于大数据与会计专业的实训教材。这类教材可以让学生对与会计有关的每一个职位的工作内容和责任有一个清晰的认识，这样才能让他们在毕业之后更快地适应工作环境。但是，当前高等职业院校大多还在采用以单一的工业企业作为主体、模拟企业实训的教材编写模式，因此，如果要想更好地满足市场的需要，就必须要对实训教材展开多样化的开发，针对不同的行业来进行实训教材的开发。这种方式可以大大增强实训教材的实践性和可信度，同时还可以提升学生的实践能力，从而达到培养出满足企业需要的专门人才的目的，这也将有助于实践教学内容的发展、充实和改进。

（二）建设大数据与会计专业的实训基地

1. 建设实训基地的含义

高职大数据与会计专业育人具有职业性特征，而实践是职业教育不可缺少的一个重要环境，学生实践活动的展开，主要的依托对象就是实训基地。从这方面来看，实训基地的作用是至关重要且无可替代的，它能够对职业技能进行鉴定，并提升学生的职业技能水平，并且还是高新技术推广应用的重要场所。高职院校实训教学基地的建设，一定要以高职院校科学的办学理念为基础，也就是"以服务为目的，以就业为导向，以产学研相结合"的教学理念，以及"培养面向生产、建设、管理，为第一线所需的高级技术应用型专门人才"的培养目的。该理念要求高职院校的实训基地要立足于对学生的专业技能的训练，突出实践环节，在教学中应注重与当地经济、生产实践、学生的技术能力的培养相结合。实践教学是职业教育的重要组成部分，一个良好的实训教学基地应该具备"实践教学""产学研结合""职业技能培训""对外服务"以及培养"双师型"教师等多种功能。

2. 建设实训基地的意义

（1）我国经济发展的需要

随着我国经济的快速发展，制造业和服务业产值在生产总值中的比例不断提高，需要大量包括会计在内的生产性服务人才为其服务。财政部制定的《会计行业中长期人才发展规划（2010—2020年)》指出，到2020年，会计人才资源总量增长40%，继续增加各类别初、中级会计人才在会计从业人员中所占比重，较好地满足经济社会发展需要。这是高职大数据与会计专业发展的一个契机。加强校内外实训基地建设，能更好地培养动手能力强、职业道德良好、适应社会能力强的高技能型会计人才。

（2）人才培养目标的需要

高职大数据与会计专业的人才输送的主要对象为中小型企业和会计服务机构等，毕业生进入用人单位后主要担任的是会计、出纳、管理和审计等工作，根据这些岗位的特点和用人单位的需求，大数据与会计专业需要培养出具有良好职业技能和良好职业道德的高素质的应用型人才。而会计岗位的职业技能，既包含了扎实的理论知识又包含了操作技能，需要借助于长时间的实训才能让学生将两方面进行整合，发展为职业技能，因此说，一所高职院校是否具有完善的校内外实训基地，对于提升学生的职业技能水平是非常重要的，如果没有实训基地作为支持，学生的职业技能水平就无法获得提升，对院校的办学质量将产生严重的影响。

（3）加强师资队伍建设的需要

高职院校大数据与会计专业实训基地的建设，对于提升本院师资队伍的水平同样具有重要的作用。通过校内实训基地的建立，在校企合作项目的开展下，大数据与会计专业的教师在通过聘用的企业会计专家入校开展讲座或进行实践课程的讲授时，可以与专家产生交流，进而获知行业和企业的发展动态、最新技术等方面的信息；而通过校外实训基地的建立，专业教师可以同学生一起进入企业实习，无论是自己加入实习中还是从旁协助，都能够提升自己的实践操作能力，并能够进一步将自身所掌握的理论知识与实践技能进行整合，可在较短的时间里，全面提升自己的水平；而对于企业的专家来说，与院校的教师相比往往在观念和教学方面会存在一些差距，借助于校内外实训基地实习项目的开展，他们也能够从教师身上学习到更多的新观念和新的教学经验，使自身的综合水平得到提升。在校专职教师和企业兼职教师双方水平的提升，能够有效地提升大数据与会计专业教师的整体水平，使师资队伍的建设更加完善。

3. 实训基地的功能

高职大数据与会计专业的实训基地，主要有以下三种功能：

第一，为知识转变成技能提供平台。高职院校大数据与会计专业的实训基地，主要是为学生提供一个将理论知识和实践操作融会贯通的平台，这是大数据与会计专业实训基地的最重要的功能。从大数据与会计专业的育人目标来说，当学生掌握了部分理论性知识后，就需要通过实践操作来完全领悟这些知识，将理论和实践融通。而随着知识面的不断扩大，实践操作也会逐渐变得更加复杂，如从简单的电脑实践到仿真实训软件的应用，再到进入企业岗位实训等，通过实践难度的增加，能够帮助学生循序渐进地提高实践技能和对问题进行综合分析的能力。

第二，对信息进行反馈。建立并运作高职大数据与会计专业的实训基地，一是可以让院校通过与企业之间的接触，减小人才需求信息获取的时间差，而后随时根据用人单位需求的变化，对大数据与会计专业的课程设置、实践内容、师资队伍等方面存在的差距进行完善，这对于持续开展教育改革，提升院校的办学水平以及提升总体办学实力是非常有利的。二是能够知道各个用人企业的实际情况，通过比较，找到仿真和现实之间的差异，尽量使仿真训练环境更加接近于现实，为企业提供更多"适销对路"

的会计人才。

第三，预就业功能。建立校内外的实训基地后，学生可以通过参加不同类型的实践技能训练，对职业岗位的过程产生了解，并较为快速地掌握职业岗位所需要的各种技能，让他们能够尽早地融入企业氛围中去。在此基础上，还能够培养学生的职业素质、职业道德和职业观念，以增强其在工作中的竞争能力，使其在进入工作岗位前有"就业"的感受，减少其在进入工作岗位时的工作适应期。一些学校之外的实训基地，在吸引一些优秀人才时，很有可能会优先选择那些在学校里接受过实训的学生。这样，学生在毕业之后，就可以避免在求职方面浪费大量的时间和精力。

4. 实训基地建设的要求

在建设实训基地时，应该将其自身的特色凸显出来，具体来说需要达到以下要求：

其一，情境真实。从情境学习理论的角度出发，承认教育中学习者的学习动机主要源自现实情境。因此，在构建高等职业学校大数据与会计实训基地的时候，应该尽量做到三个方面的情境真实。第一个方面为实践训练环境的真实。例如，在大数据与会计专业的校内实训基地中，应当有税务及银行等模拟部门。第二个方面为实训资料的真实性。例如，学生在实训过程中需要用到的各种原始凭证（发票、收据等）、会计凭证、会计账簿、财务报告等，要尽量接近会计工作的实际。第三个方面是会计岗位的真实性。例如，在实训过程中，按照《会计基础工作规范》的要求，可以设立会计主管、会计出纳、会计核算等多个岗位。对这类职位，可以一岗一人，也可以一岗多人，也可以一人多岗，只要将不相容的岗位分离就可以。实施会计电算化的企业，通常都会设有基础会计和电算化会计两个岗位，但也可将两个岗位合并在一起。通过以上三个方面的配合，让学生有一种身临其境的感觉，从而激发出学生学习的积极性。

其二，实操锻炼。在校内的大数据与会计实训基地中，应该依照企业的工作环境和工作规范，向学生们提供与手工技能操作相关的各类实训材料和工具，同时还可以对企业的真实经济业务进行模拟，从而展开对记账凭证的编制、账簿登记、报表的编制与分析、财务资料的装订等一系列的财务工作。职业技能实训是会计专业实训的主要内容，包括会计确认、记录、计量和报告及分析等会计核算操作技能。另外，除了实行传统的手工会计业务训练之外，还要实行电算化的会计业务训练，要求学生能够从输入原始资料、打印记账凭证到自动登记会计账簿，并产生会计报表，再以实践中得到的有关会计信息资料为基础，展开会计分析，编写出一份财务情况说明书，最终将所有实践中的会计资料装订成册。以会计岗位人员的身份，完整地进行全面的培训。在校外的会计实训基地，则需要让学生对顶岗、轮岗和毕业实践的需求得到充分的满足，完成会计核算到参与企业经济管理的层次上升，达到更高的水平。

其三，全面性。在设计大数据与会计专业实训项目时，应强调其专业技能实习的重要性，便于学生的语言表达能力、人际交流能力和信息处理能力的培养。通过进行管理技能和职业判断技能的培训，来对学生的会计职业技能进行全方位的培训。例如，可以按照会计咨询服务业务的特点，提供相关的凭证、登记表及其他资料，来模拟办理各类会计事务，将产学研结合在一起，为教师科研培训、学生实训和社会咨询服务提供了一个平台。在进行模拟训练的过程中，让他们能够更好地了解到各大会计事务所的工作过程，从而为他们搭建一个能够更好地发挥自己才能的平台。又比如，可以借助 ERP 训练平台，对内部财务管理进行训练，使学生能够获得从对公司资源的认识与计划到获得顾客的订单，从处理到发货再到最终获得顾客支付的整个商业过程中的内控培训。还可以利用 ERP 训练平台，使学生们能够实现对企业内部的一切资源的集成，对采购、生产、成本、库存、配送、运输、财务和人力资源等进行统筹，以实现资源的最优配置，获得最大的收益。

5. 实训基地现状

（1）校内实训基地建设现状

在"十一五""十二五"等建设时期，我国教育部对高等职业院校"工学结合、校企合作"的人才培养方式给予了政策支持，不少高等职业院校纷纷投资建立了实践教学基地，并建立了一系列的综合实训室。但是，目前我国高职院校内部实训基地的建设还远远无法适应大数据与会计专业人才培养的需求。具体体现在：

第一，高职院校自身建设的基地较多，而与企业合作共建的基地较少。在教育部《关于全面提高高等职业教育教学质量的若干意见》中，特别指出"加强实训、实习基地建设是高等职业院校改善办学条件、彰显办学特色、提高教学质量的重点"。在政策号召下，各高等职业院校的大数据与会计专业也相继设立了各自的校内实习实训室。但是，许多院校的校内的实习实训室的组建方多为大数据与会计专业的教师，对实习基地所需要具备的条件的调研不够深入，更没有邀请企业专家来进行项目建设和论证。在建设规模，培养学生数量，完善实习教学体系、利用效率、可持续发展性等方面的考量不当，造成了实训基地的低利用率。

第二，单项实训基地多，综合实训基地少。大多数高职大数据与会计专业开设的主要课程一般包括：基础会计、云财务智能会计、会计信息系统应用、智能成本核算与管理、智能税务申报与管理、统计基础、会计内部控制、数字化管理会计、python 财务分析与可视化、财务数字化实训等。各个高等职业院校的大数据与会计专业，都是以这个课程体系为基础，在每一个学期中，都会有与之相适应的各个科目的实训内容，所以也设立了许多单项实训基地，比如智能收银台、财务共享服务实训室、智能税务申报与管理实训室、金融大数据实训室等，单项训练是练就基本技能很好的一个环节，然而，这些单项实训基地的功能太过单一，这样不仅不利于对资源的高效利用，还会导致资金的浪费。

第三，资源共享力度不足。目前，我国高等职业院校大数据与会计专业的校内训练基地建设中主要存在着两大问题：同一地区内的各所高职院校多各自为政，所建设校内的实训基地多各自建设，各自使用，没有实现院校之间的资源共享；另外，在同一所院校中，也存在经管类专业的实训基地各自为政的现象，多个院系独立建设，独立使用，这就导致了学科之间的资源不能共享。由于这些资源不能实现共享，最后造成了高等职业院校的校内训练基地出现了大量的重复，其使用价值没有得到很好的体现，从而使各个高等职业院校校内实训基地建设工作的开展变得更加艰难，同时也导致了巨大的社会资源浪费。

（2）校外实训基地建设现状

高职大数据与会计专业校外实习基地的主要目标是：为学生提供校外岗位的实习机会，也就是到企业第一线去对会计工作进行实践性操作，完成岗位需要的所有工作。当前，开设大数据与会计专业的大多数高职院校都可以响应国家有关政策的号召，与企业开展了不同程度的合作办学，并在校外设立了一定数量的实训基地。然而，能为企业的会计岗位提供的人数非常少，真正能做到"轮换"的就更少。

首先，校外实践基地建设困难，实践效果不理想。在我国 1300 多所高等职业院校中，约有三分之二的院校开设了大数据与会计专业，每年的招生人数在 60 至 300 人之间，而每家企业最多只能接受 5 名会计岗位实习学生，如果按照平均每一所高职院校每届有 180 名毕业生的标准来计算，那么每所院校就需要在校外设立 36 个会计实训基地。在全国所有的高职院校中，大数据与会计专业总共需要建设 3 万多家校外实训基地。但是，由于大数据与会计专业的保密性以及企业接受大数据与会计专业学生实习数量的限制，导致大数据与会计专业的校外实训基地建设遇到了困难，完全不能满足学生的实习需求。按照相关规定，高等职业院校的学生应该至少有 6 个月的校外实习时间。因为在高等职业院校中大数据与会计专业的校外实训基地难以建立，所以，很多学校的校外实践，都是以学生自己联系实践单位，进行分散实践为主。一些学生由于社会关系不多等原因，到了规定的校外实习期限结束时，他们可能还没有找到工作，而那些已经找到工作的学生，由于缺少有效的制约机制，对他们的管理比较松懈，使实习的效果也并不理想。此外，由于会计工作的重要性，企业很难安排学生进行实际的实习，导致学生无法获得实际的会计实务操作机会，对实习不感兴趣，抱着敷衍了事的态度。

其次，校外实训基地的产业布局不合理。伴随着我国经济的高速增长，第三产业服务业也得到了迅速的发展，并在国民经济中占比越来越大。根据经济发展的一般规律，第三产业在国民经济中所占的比例会随着国民经济的发展而不断提高。从吸收的就业人口来看，第三产业的比例要比第一、二产业高得多。随着经济的迅速发展，第三产业所占的比例不断提高，这对于大数据与会计专业毕业生的就业大有益处。然而，在我国的中西部地区，尽管有不少高等职业院校已经设立了一批大数据与会计专业的校外实训基地，但这些基地主要集中在第一产业、第二产业，与我国目前的产业结构不相适应，不能满足对学生在第三产业中进行会计实践能力培养的要求，进而对大数据与会计专业学生的就业率及就业质量产生了严重的影响。

6. 实训基地建设问题分析

（1）高职大数据与会计专业校内实训基地建设相关问题分析

高职大数据与会计专业校内实训基地建设现状欠佳的原因诸多，主要有以下三个方面。

第一，投资少且投资主体单一。当前，与一般教育相比，我国高职教育的经费投入还处于较低水平，财政教育经费投入远远无法适应高职教育快速发展的需要。在此背景下，在高等职业教育中，与工科类的重训练装备投入相比，具有人文特色的大数据与会计专业更多地被视为"万金油"，投资少，收益高，这极大地影响了学校领导的教育资金配置决策，大数据与会计专业的教育资金配置比重明显低于工科类。再加上近些年来，大数据与会计专业的招生规模不断扩大，这让本来就十分紧缺的专业教育资金变得更为紧张，对学校内部实训基地的投资也出现了很大的问题，因此，学校内部实训基地的数量和质量都无法保证。目前，我国高职院校的教育资金来源仍以国家财政拨款为主，社会性组织和机构对高职教育的投资十分有限，作为职业教育的受益者，企业在职业教育上的投入更是少之又少。因此，投资少且投资主体单一对大数据与会计专业校内实习基地的建设也产生了很大的影响。

第二，构建定位不合理。高职院校大数据与会计专业实训基地的建设，能够提升学生的职业技能水平，缩小在校学习与企业工作岗位之间的差距，是培养和提高学生综合素质的重要途径。目前高职院校大数据与会计专业校内实训基地的建设不能完全适应实践教学需求，很大程度上是由于高校实践教学中心在建设时没有按照建设目标来定位。在建立校园实践训练基地时，通常需要由校方提出申请，经过严格的论证。然而，很多学校在立项论证的过程中存在着不足之处，比如在立项之前，没有将各项调查研究工作做好，对本校及他校类似的实训基地的使用情况及设备的性能等缺乏足够的认识，对企业目前的财务运作模式也没有足够的认识。在立项论证的时候，没有将各个方面的观点和建议都吸收进去，没有对学校的实训课程体系、实训室资源的共享以及使用的长远性进行全面的考量，最后造成了校内实训基地的建设定位不合理，造成了资源的浪费。

第三，专职教师素质结构缺陷。最近几年，高等职业院校的大数据与会计专业教育得到了快速的发展，同时，学生的数量和教师的数量也在迅速增长，然而，教师的整体素质仍然相对较低，与高等职业院校大数据与会计专业教育的现实需要和发展要求之间还有很大的距离。首先，全职教师的数量总体偏低，教育部建议职业院校学生和教师的比例为14∶1，但许多职业院校大数据与会计专业学生和教师的比例却远超过了此比例。专业教师数量少，教学任务重，自然放在学科的学习与研究中的时间就会大大减少，也很少有时间进行实践训练来提升自己的水平。其次，"双师型"教师在整体教师中所占比例较小，"双师型"教师是指既有相关的教学技能，又有相关的工作经历的教师，这是高等职业院校所特有的与其他类型院校不同的对教师的一种要求。一些高等职业院校为了应对上级部门的评价，将那些在国外学习了数天，或者填写了一份实习计划书的大数据与会计专业的教师，划定为"双师型"教师，虽然从数量上看"双师型"教师的比例很高，但是真正具备良好工作能力的却不多。此外，教师的来源也比较单一，且教师队伍的构成不够均衡。当前，高职院校大数据与会计专业的教师以普通大学毕业生为主，而从企业等机构抽调的教师数量极少。教师是大数据与会计专业校内实训基地的主要建设者，如果他们的素质结构存在问题，就会对基地建设的质量和使用率产生严重的影响。

（2）高职大数据与会计专业校外实训基地建设相关问题分析

第一，校企合作对象选择不合理。校企合作，就是将学校与企业的资源与环境相结合，把社会的需要作为人才培养的目的，通过校企双方的合作育人，实现高校、学生与企业的共同发展。在构建高职大数据与会计专业校外实习基地时，可选择的校企合作单位很多，可以是第一产业、第二产业或第三产业中的任何单位。但由于会计工作的特殊性，很多公司不愿将自己的信息开放给外界，在被迫与外界进行合作时，往往表现得很冷漠，态度很不热情。此外，会计类职位对实习生的接收也存在一定的局限性。通常情况下，企业财务部门所设置的会计岗位的数量与企业的规模成正比，企业的规模越大，会计工作岗位就越多。但是，高职院校主要面向的是中小型企业中，此类企业规模有限，会计岗位稀少，而且还往往需要一人兼任多岗，因此，总体来看，能够接收学生进行实习的会计岗位数量相对较少。不管企业的规模有多大，每一家企业对会计人员的需求量都不会比生产加工企业需要招聘一线工人的人数多，再加上会计部门的办公场所受到限制，一个企业一次能够接收 10 名左右的学生进行会计岗位的实习，而不能解决一个学年一两百个学生的校外实训问题。目前，不少高等职业院校已经建立了一批大数据与会计专业的校外实习基地，但这些基地大多是由学校的教师们利用自己的社会关系来实现的，因此，不少企业为了面子，只能"被合作"，未能实现校企合作、共同发展的初衷。校企合作的终极目标就是将教学活动与生产活动密切结合，以教促产，以产促教，实现学校与企业的"双赢"。校企合作是学校提高办学效率的有效途径，而企业则是在校企合作中获取人才竞争优势。由于承担会计人才"买方市场"角色的企业对会计人才的选择具有较高的随意性，因此，通过校企合作的方式来培养会计人才，对于企业来说并没有什么实际意义。再者，企业都在追求利益最大化，因此，在高职大数据与会计专业校外实训基地的建设中，只有让企业获得了真正的利益，其才会愿意和校方展开合作，这样才能达到"双赢"的效果，让双方都得到发展。因此，在确定校外实践基地的合作伙伴时，必须将其作为一个重要的前提条件。从当前发展形势来看，与第一、二产业的企业相比，第三产业的企业更适合在建立高职大数据与会计专业校外实习基地时开展合作。

第二，校企合作缺少经费和国家的扶持。目前，尽管国家一直在呼吁高等职业院校要走"产教融合、校企合作"的发展之路，但是，作为我国高等教育的一部分，高职教育却没有获得与一般高等教育同等的教育经费，因此，校企合作缺少了资金保障。此外，我国尚未制定有关"校企合作"的支持政策、措施。而国家所出台的相关政策，也不能为高职大数据与会计专业和企业之间的校企合作提供保障和形成一定的约束，而且高职院校和企业之间也没有直接的利益关系，因此，大部分的企业仍然不愿意接纳大数据与会计专业的毕业生参与到企业的实践工作中来。除此之外，目前已经发布的某些政策也没有对高职大数据与会计专业的校企合作起到实际的作用。由于缺少资金的投入和国家的扶持，再加上高职院校对于隶属于人文学科范围内的大数据与会计专业在经费上划分上存在与工科学科不均衡的现象，导致大数据与会计专业在建设校外实习基地时，多侧重于形式，而忽视了内容；只顾着挑选协作企业的规模，不顾其能否切实发挥出实训基地的作用。

第三，校企合作缺少配套的管理机制。很多高等职业院校会将学生的实习与为他们提供实习企业等同，而当学生进入实习企业后，认为他们就成了企业的一分子，与学校再没有关系，不需要再对学生进行任何的约束和管理。而企业界却认为，这些学生还没有从学历教育阶段毕业，所以他们的管理和培养还是要交给院校来做。高职院校与企业之间缺乏有效的沟通，造成了学生实习阶段的监管空白。长此以往，很多企业觉得对学生难以管理，学生的培训与公司的发展没有太多的关联，学生在企业的实践活动变成了公司的包袱，越来越多的企业不愿再招收实习生。

7. 校内外实训基地建立的保障措施

（1）建设一支综合能力较强的教师队伍

建设一支理论扎实、实践能力强的师资队伍，是高等职业院校构建"校企合作、工学结合"育人模式的根本保障，也是突破当前高等职业院校综合育人发展瓶颈的重要一环。当前，我国高等职业院校的大数据与会计专业的专职教师以一般院校的应届毕业生为主，存在着人才来源单一、缺乏实际工作经验、人才构成不均衡等问题。因此，解决教师实践能力不足的问题，对于综合育人来说是首先需要考虑的问题，具体可以通过以下方式进行改进：首先，让高职院校大数据与会计专业的教师到企业第一线去进行实习。在节假日期间，有针对性、系统地让大数据与会计专业的教师们到生产第一线参加企业的生产实习。在实际操作中，教师能够熟悉企业的生产流程、业务流程、部门会计制度等；做好会计核算、财务分析、纳税申报等工作；并能够对税收策划等工作产生切实的理解，可以弥补某些观念上的不足。院校在对这类企业进行选取时，应注重其产业代表性及多样性。其次，充分利用院校内部的岗位资源，如院校内的财务部门等，安排教师顶岗实践，以提高他们的实际操作技能。再次，还应分批安排教师到国家职业教育师资训练基地进行进修，对教学法、方法论和心理学等方面进行深入的了解，持续提升教师的实践教学水平。还可以开展与教师实践能力相关的技能竞赛，充分发挥人的不甘落后的竞争心理，达成"以赛促教，以赛促学"的目的。另外，随着我国经济社会的发展，高职院校兼职教师已逐渐形成了一支重要的师资力量。大数据与会计专业可以及时选择一批在会计岗位工作时间较长且具有较强实务能力的会计人员到学校做兼职教师，与其他专职教师一起分担教学工作。通过此两类教师协同开展教学工作，促进他们之间的相互补充，从而达到教学资源的最优分配。同时，因为兼职教师具有两种不同的身份，所以他们在校企协作中也能起到很大的作用，能够充当高职院校和企业之间沟通的桥梁和纽带，深入推动校企协作。如此看来，在高职大数据与会计专业教学中引入高水平的兼职教师，是十分必要的。

（2）做好实训基地的规范化管理

要想最大限度地发挥高职大数据与会计专业的校内外实训基地的作用，必须加强实训基地的标准化管理。

第一，学校内部实践训练基地的管理。作为高职院校大数据与会计专业的一个重要教学单元，大数据与会计专业的校内实训基地承担着为教学服务提供技术研发、科研平台和社会服务等功能，通常情况下，它由大数据与会计专业所在的系部直接对其进行管理。所以，大数据与会计专业所在的系部要从思想和行动上对实践训练基地的建设给予足够的重视，具体来说，包括了以下两方面的内容：其一，要把实践训练基地的建设列入本系的重点发展计划之中，制订年度工作方案，定期召开会议，明确工作目标，明确责任，并建立严谨的评价体系。其二，要完善各类实训基地的管理体系。制订《实训基地建设管理办法》《实习实训考核办法》和其他相关的制度，制订与实训课程内容相适应的实训计划、实训大纲、实训指导意见和相关考核办法，确保实训基地建设的科学化和标准化，使实训基地更符合实训课程要求。

第二，校外实践训练基地的管理。大数据与会计专业的校外实训基地，多为与高职院校具有合作关系的企业，为了保证双方之间的合作的密切性，维持良好的合作关系，同时保证学生在企业进行实习时能够真正参与到企业生产活动中，必须建立健全的管理体系。首先，建立健全的规章制度。为保证大数据与会计专业的学生在校企合作企业中开展校外实训活动的实际效果，学校应该制订《校外实训基地管理办法》《校外实训学生管理办法》《校外实训考评办法》等规章制度，一方面让学生清楚实践活动要达到的目的，以及实践活动中要注意的问题，另一方面也让企业管理者和企业会计岗位人员能够清楚自己的职责和目的，从而提高校企合作企业的管理水平。其次，要构建长期的协作关系。大数据与会计专业的校外实训基地很难设立，因此需要与已经产生合作的企业加强长期的合作关系。在互利双赢的基础上，寻找利益的结合点，达到双赢的目的。企业可以从降低人才培养成本，降低人才聘用成本，提高企业知名度，增加企业的经济利益等方面来考虑合作；而校方则主要根据其是否能够满足大数据与会计专业人才的培养需求来选择具体的合作企业。只有在一段很长的时间里，双方都能实现自己的目标，才能进行长期稳定的合作。

（3）采用多种类型的合作形式

高职院校的大数据与会计专业，在构建校企合作的实训基地时，可以考虑采取"订单式""共享型"等多元化的合作模式与企业或地区内的其他院校展开合作，可以提升企业参与合作项目的积极性，提升实训基地的实践技能训练效果。如常州高职园区就采取了"共享型"的协作方式建立了实训基地，园区内的 5 所高职院校采取每所院校各投入万元资金的方式来购买实训所需的设备，以"企业化管理，市场化运行"为实训基地的运行机制，使这 5 所高职院校中的学生能够共享实训基地，很好地提升了学生的实践技能水平，也取得了较好的成效，获得了广泛认可。

8. 实训基地建设的政策建议

其一，制定与高职院校实训基地建设相关的法律法规，推动实训基地的建设。校外实训基地的建设，不只是与一所高职院校和一家企业相关的事情，它实际上涉及的是我国整体高等职业教育育人水平的提升，因此，也需要有关部门加强指导。首先，从近几年的现状来看，虽然国家各级教育行政部门对高职院校校外实训基地的建设给予了高度的重视，进行了大量的试点和实验，并出台了多项与高职院校实训基地建设有关的政策，但是，到目前为止，在此方面并没有出台明确的法律法规。高职院校校外实训基地的建设也还没有形成完善的管理体系。相关政府部门和教育部门应当从立法上制定在校企合作的背景下高职院校校外实训基地建设的相关法律，明确行业和企业在高职教育中的职责，使企业能够主动承担起支持高职教育的社会职责。政府可以建立相应的法律法规来规范企业的行为，例如：把企业的资格评价与其所接收的实习学生的数量和学生的实习收获联系起来，并鼓励企业在实训方面积极地投入专项资金，并将其纳入企业自身的培训经费中。对切实支持高职教育实训工作开展的典型企业，予以肯定和大力宣传。其次，要对高等职业院校校外实训基地的建设进行统一的指导，使之规范化，防止出现重复性投入的现象，提高实训基地使用效益与使用效率。

其二，利用经济手段支持实训基地建设。虽然目前已有较强的政策、法规在实训基地建设方面给予财政支撑，但因为种种因素，高等职业院校大数据与会计专业的实训基地建设仍需加大建设经费的投入。高等职业教育与普通教育相比，由于其与实际工作的紧密联系，因此，其教育的成本也较高。但根据统计，目前我国职业教育预算在国家预算中所占的比重还很小。长期以来，高职院校对大数据与会计专业教育一直具有投入少回报高的认识误区，随着规模扩张，院校对该专业的教育和教学的投资也变得越来越少，所以，大数据与会计专业能够投入实训基地建设方面的资金也非常匮乏。针对这种情况，国家在运用一般财政资金支持高等职业院校实训基地建设的时候，应该在理工类专业与人文类专业之间的资金平衡方面给予更多的关注。此外，还可以通过税收、金融等经济杠杆给予资金上的额外支持。对于某些与高职大数据与会计专业开展校企合作的企业，政府可以在税收等方面给予一定的减免，并在金融机构的贷款额度、利率和贷款期限等方面给予较多的优惠，以此来激发企业参与校企共育的积极性。

9. 实训基地建设的企业经营策略建议

首先，企业要建立一种正确的合作观念。尽管企业属于"经济人"，追求的是利益最大化，但是，企业需要认识到校企合作的开展对于企业自身来讲是有所助益的，例如，能够促进企业技术创新，使自身的经营管理更加规范化，有利于开发人力资源和扩展业务领域等。所以综合来看，深入开展校企合作，助力于高等职业教育的发展，在高职院校的教育水平获得提升后，企业也是一个可以直接获益的群体。所以，对于高等职业教育的发展，企业也需要有一种责任感。并且，建立高职院校与企业之间的联系也是提高企业形象、储备人才、增强企业未来竞争能力的关键，对高职院校的投入也是企业的一种生产投入。因此，企业应当将校企合作纳入自己的经营策略。

其次，企业要积极参与学校师资队伍建设。企业应该鼓励会计专业技术人员和其他管理人员到高职学院担任兼职教师，这样既可以对高等职业院校大数据与会计专业的师资力量进行优化，又可以提升大数据与会计专业的实践教学水平。从另外一个角度看，这对企业自身的发展也有很大的帮助。目前，我们的会计与国际上的会计标准和会计制度还具有一些差距，这些方面还处在一个不断改革的状态中，岗位上的会计人员想要跟上会计行业的发展速度，就需要增加自己的培训费用，通过参加相关培训来提升自己的专业水平，使自己走在行业的前沿。而企业会计岗位人员在进入高职院校兼职教师后，就能够与在专业知识和相关者政策方面水平较高的专职教师进行交流，能够比较及时地改进自己的知识体系，不需额外投入培训费用，就能提高自己的会计素养。

总而言之，在构建高等职业院校大数据与会计专业的校内外实践基地时，学校、政府和企业都需要各司其职，并互相合作，高职院校要充分发挥自己的主体性作用，政府要发挥引导性的作用，企业发挥依托作用，才能真正实现合作办学、合作育人及合作发展的目标。

第三节　大数据与会计专业人才培养质量评价体系构建路径

一、人才培养质量评价的必要性

（一）有助于提高高职院校教学质量和人才培养质量

为适应国家和社会的发展需求，高职院校大数据与会计专业将培养技能型人才作为专业教育发展的重要任务。随着财务机器人、财务共享中心等新型技术与计算方式的不断涌现，给传统的会计教育方式带来了新的挑战。当下社会所需要的会计人才，不仅需要具备扎实的专业知识，同时还需要具备较强的实践能力。但是目前来看，在高职院校大数据与会计专业的人才培养方式中，仍然侧重于对理论知识的传授，在人才培养质量的评价体系中，缺乏对学生实际应用能力的评价，这对技能型会计人才的培养和提高教学质量是不利的。对大数据与会计专业技能型人才培养质量评价体系进行持续的改进，能够对持续提高其教学质量起到一定的帮助作用，有利于复合型会计人才的培养。

（二）有助于提高高职院校毕业生的就业能力

高校人才培养的目的是为社会输送合格的人才，高职院校主要是向社会输送基础性人才，通过高校系统的培养，提高基础型人才在从业技能等方面的能力，让其能够更好地适应相关工作。[①]

在"1 + X"证书制度和产教融合的大环境下，高职院校和企业都是大数据与会计专业的重要利益相关者，企业需要学生能够和会计岗位人员所需的能力进行准确的匹配，高职院校则需要学生能够在走入岗位后迅速适应企业的工作需要，从而提升大数据与会计专业学生的就业能力。科学、合理地评价人才培养质量，不仅能够帮助企业准确地寻找到适合自己的人力资源，还能够帮助学校不断地改进人才培养方案，提升人才培养质量。

所以，要构建一套健全的大数据与会计专业技能型人才培养质量评价体系，将培养出既有理论知识又有实际应用能力的大数据与会计专业技能型人才作为目标导向。在学生进入社会前，明确社会对会计专业人才的能力需求，以学生是否做到理论与实际技能相结合来评价其培养质量，这将有利于提升大数据与会计专业学生的整体就业能力。从某种意义上说，能够有效缓解高职毕业生"找工作难"的窘境。

（三）可以为企业输送合格的人才

随着科技革新与产业的升级，整个产业链对会计人才的需求日益迫切，亟须大量大数据与会计专业的技能型人才。而当下这种社会对会计人才大量需求的现状，与高职大数据与会计专业毕业生就职难的现象是相矛盾的，之所以出现这种矛盾，很大程度上是由于目前高职院校大数据与会计专业所培养的学生过于注重理论知识，缺乏实践能力，不能满足企业对大数据与会计专业技能型人才的需要。实施对人才培养质量进行评价，可以帮助高等职业院校把人才培养的目的与企业的需求相结合，提高人才培养的针

---

① 李丹丹，巩敏焕. 产教融合模式下会计专业应用型人才培养质量评价研究 ［J］. 环渤海经济瞭望，2020（07）：172 –173.

对性和适应性，加强企业在人才培养质量评价中的地位，为企业提供合格的人才。

二、人才培养质量评价体系发展的现状及存在的问题

（一）人才培养质量评价主体发展的现状及存在的问题

1. 人才培养质量评价主体发展的现状

关于"1＋X"证书制度、产教融合等，政府出台了一些相关政策。政策为高职院校、相关培训组织提供了技术支撑和资助计划，为职业院校学生学习、获得技能提供了保障。

在持续扩大培训评价组织规模的同时，也增加了对职业教育评价的社会关注度，这标志着有更多的社会力量参与到了职业教育评价中，职业院校学生的人才培养质量也在持续提升。

培训评价组织的遴选与管理不断完善。以"1＋X"证书为例，在其试点工作中，提出了社会评价机构的选择应遵循公开择优的原则，即先通过网络申请，再通过电子邮件提交材料，最后在成熟的平台上进行遴选。符合资格的培训评价机构都能够与行业企业合作，开展证书的开发工作，将技能等级证书与职业标准以及国内外先进技术标准相结合。申请时所需的资料须经有关专家推荐，须有优质企业出具的可行性证明。在获得培训评价机构资质后，须在学校进行培训，并设立考核站。从这一流程中可看出，培训评价组织承担了高职院校和企业之间联系人的作用，强化了两者之间联系的紧密性。而选拔出来的培训评价组织也会接受监督，在监督过程中一旦发现不符合条件之处，需要立即进行整改，这一方式也可以避免内部腐败现象的出现。

高职院校与企业的合作得到了进一步的加强。"1＋X"证书制度和产教融合体系的建立，在一定程度上弥补了因缺乏政策支持而造成的校企合作缺乏积极性的缺陷。在过去，企业对与高职院校之间进行合作的表现态度通常比较淡漠，合作意愿不强，多数企业认为院校和企业之间实现对接的

可行性不高，高职院校所培养出来的学生在离开学校后不具备直接开展岗位工作的能力，在走入岗位之后，还需要企业进行二次培训，许多公司觉得这会对自身资源造成浪费，而培养出来的毕业生却并不一定能够长久地为企业服务，可能会在水平提升后离开企业去寻求更好的发展，使自己投入的资金和精力产生亏损。因此，企业普遍不愿意和学校进行合作，也不愿意在形式和流程上花太多心思。而"1 + X"证书制度、产教融合等的实施就可以避免这种问题出现，在学生日常进行学习的过程中，所学课程的内容中就包含了与证书考试相通的部分，因此，学生不需花费额外的时间开展考证的针对性学习，能够在获取学历证书的过程中，同时考取岗位所需的多项技能证书，极力将毕业生和岗位所需各项水平之间的差距缩减到最小。从高职院校角度来看，引进人才培养评价体系能够进一步加强和企业之间的合作，使"校""企"和"学生"三方达成一种共赢。校企合作不仅能够从企业获得学生实践技能提升方面的支持，还能够获得最新的行业动态，并通过不断开发新的合作方式，实现对现有育人方式和教育评价的改革，从而推动了高职院校教育和学生的迅速发展。

2. 人才培养质量评价主体存在的问题

（1）校、企、评三方协同动力缺乏，精准培训难度大

在"1 + X"证书制度和产教融合等综合育人的大背景下，高职院校是综合育人的实施主体，其重心是培养学生的综合素质，这就意味着"1 + X"证书和产教融合的实施，要立足于高职院校教师和学生的实际能力，与行业培训机构和企业合作，共同开展教学活动。在日常教育中，将外部的职业培训机构，尤其是企业，引进到院校的教学活动中。但当前，高职院校和企业之间的评价协同不够。

从高职院校本身的现状来看，还存在着一些问题。一些高职院校的实训基地建设经费保障困难，教师队伍不健全，开展的实训课程内容与企业的需要相脱节，加之培训机构、行业和企业等因素的影响，造成了很难形成校、企、评协同精准育人的合力，这对高职院校大数据与会计专业学生

的技能培养和提升十分不利。

就"校企合作"而言，人才培养质量仍没有达到预期的效果。企业对校企合作缺乏响应。而高职院校科研能力方面不如普通高等院校，使得高职院校与企业之间很难找到共同的利益点。在"1+X"证书制度、产教融合全面育人的大背景下，尽管企业已开始以评价机构的身份参与到职业院校的人才培养评价体系中，但仍处在最上层，主要负责制定证书发展的标准，校企之间的深度合作还不够深入，产教融合的效果还没有得到很好的体现，也没有形成校企联合培养人才的机制。企业在深入到高职院校制定人才培养计划方面积极性不高，对学校的人才培养计划只停留在表面上，使学生的知识学习和职业技能掌握不能同时完成。

从第三方评价机构的角度来看，由于第三方评价机构的权威程度和社会认可程度均较低，使得高职院校在与第三方评价机构的合作中缺乏动力。首先，这种权威性的不足主要源于机构在资源上对政府具有依赖性。第三方评价机构属于一种社会性组织，其想要获得发展就需要资源的支持，而这些支持主要有三方面的来源，即政府、盈利和社会，而社会目前对此类评价机构的认可度不高，也就导致其依靠社会和盈利能获取的资源有限，所以为了谋求发展不得不以政府资源为主，这种资源主要表现为资金和政策两方面的支持。而其对政府的这种高依赖性，就决定了没有办法保证第三方机构的中立位置，所以，第三方评价的作用也无法充分发挥出来。其次，社会认可程度较低，主要体现在对高等职业教育进行评价时，是否能够很好地把握教育规律与市场发展规律。第三方评价机构的发展需要得到公众的认同与支持，而这一认同与支持不能仅限于精英阶层，而要得到公众普遍认同与支持。当前，民众在政府主导下，相信由政府机构进行的教育评价更具权威，而非政府机构从属的第三方评价是不可靠的。高职院校在引入第三方评价机构方面，更多是处于观望状态之中，因此，第三方评价机构也因为无法获得评价数据、评价程序和方法不够公开等原因而丧失了社会信任的基础。随着社会经济的飞速发展和科学技术的飞速进步，单纯依赖于评价者的价值判断的第三方评价方式已不能满足新时代发展的要求，必须利用信息化手段，与企业和学校进行多方面的协作，因此，高职院校第三方评价机构应当既要能够掌握教育规律，又要能够掌握市场规律，从而提升自身的评价能力。

(2)"双师型"教师队伍建设有待进一步完善

与普通高校教师相比，高职大数据与会计专业的教师对自身素质的要求应该更高。但是，在一些高职院校中，大数据与会计专业的教师，属于从企业员工转型到高职教师的类型，而高职院校和企业的环境之间存在着很大的差异，一些教师不能很好地适应这种差异，因此，也无法产生一个清晰的职业规划，对工作也表现出了缺乏积极性的态度。这种心态下开展的工作，与其说是主动追求自己的能力和品质，不如说是受到了外在的压力。

对于"双师型"教师的专业成长，许多人的认识仍停留在一般教育的教师群体层次上。他们还是按照传统的教育模式，只注重学历，只注重研究结果。另外，由于社会上某些不公正的观念，教师自身也存在着某种程度的职业归属感与自豪感。大数据与会计专业的产业性质决定了这个专业需要所有的教师都要具备"双师型"教师的素质，这种要求使得大多数的专业教师都不得不在获取"双师型"资格方面倾注了较大的精力，而一个人的总体精力是有限的，一方面花费大的精力就会导致另一方面的精力不足，所以，专业教师往往也不会在科研方面投入太大的心力。一些高职院校大数据与会计专业的教师管理部门，还仍以高学历、高职称为主要师资的引进标准。然而，如今高职大数据与会计专业设置的市场化要求以及知识的快速更新，很多教师本身的能力已经无法跟上市场发展的需要，因此，他们的知识更新就呈现出了灵活性不足的问题，使高职院校的教师队伍无法满足新时期高职院校的教学和实训需求。

(二) 人才培养质量评价内容的现状及存在的问题

1. 人才培养质量评价内容的现状

在高职教育中，从理论到实践的转化是一个很有代表性的问题。因为延续了普通高等教育模式、评价方式等，所以以往高职大数据与会计专业在开展评价活动时，主要以理论知识的掌握程度为主，不重视学生的实践操作能力。随着职业教育育人目标的明确，这一现象也逐渐被改变。近年来，高职大数据与会计专业的教育评价，在重视理论性知识评价的同时，也将专业实践操作能力纳入到了评价范围内，尤其是在"1＋X"证书制度的提出之后，学生实践技能的培育问题更是引起了学术界的广泛关注。从2006年，"工学结合"模式被国家确定为当前职业技术教育的基本模式后，职业教育开始更加关注学生的工作实践经验。

可以看出，高职院校的人才培养质量评价内容中，相关理论与专业技能并重。当前，我国在政策上主要采取了两大举措，一是加强校企合作，二是进行现代学徒制模式。

2. 人才培养质量评价内容存在的问题

（1）高职院校专业教学标准和职业技能等级标准融合不够

首先，高职院校专业教学标准存在与实际教学不符的现象。目前，很多高等职业院校大数据与会计专业的教学在标准设置上都与实际教学不一致，由于种种原因，高职院校所制订的专业教学标准，从标准本身来看是非常完善的，然而实际上，学校所具备的各种教学资源，却无法支持该教学标准实现，无法实现标准也就无法对教学进行评价，更无法衡量学生所掌握的知识程度，也就无从谈起培养复合型人才。

其次，高职院校专业教学标准与职业技能等级标准尚未充分融合。目前我国高等职业教育的水平与企业需要的人才水平存在着一定的差距。在专业人才培养计划中，对职业院校教学活动的制订标准是一个十分重要的环节。但是，大多数职业院校制订的专业人才培养计划并不符合职业要求，尤其是在单位用人标准这一方面，他们的思考还不够充分，更多地只考虑了学校自身的发展，致使学生所学知识不能满足企业需求，而毫无用武之地。在以往专业课程中，或者学生在校外实习阶段中，只是简单地融入"1＋X"证书产教融合等内容，学生无法系统地掌握理论和实践知识。这两个标准如果不能很好地衔接，学生在进入社会过程中就容易被市场所淘汰。

（2）专业基础理论课程设置存在一定问题

第一，专业基础课程与实践课程之间缺乏有效的联系。当前，许多高等职业院校的大数据与会计专业的专业基础课程与实践课程的教师都是独立的，他们分别负责不同类型知识的讲授，且两者之间通常较缺乏交流和联系。还有一些高职院校的大数据与会计专业，并没有设置专门负责实践教学课程的教师，而是通常由教授专业基础知识的教师负责带领学生，进入实训室，让学生自己展开实践操作，在这样的情况下，就失去了开展实践技能教育的意义，在自行摸索的情况下学生也不会具有较高的学习积极性，更别说使专业基础课程与实践课程之间能够有效地进行衔接。在整个教学过程中，理论性教学和实践性教学之间缺少交流，造成了理论性教学和实践性教学之间的脱节，使实践性教学的内容无法找到对应的理论支持，使理论知识无法得到实践性的验证。学生通过这种实验方式所获取的知识有可能会出现错误，这也会使他们对知识和技能的理解产生一定的影响。可以说，任何一种技巧的运用，都离不开博大精深的基本功。因此，教师让学生通过摸索操作去进行学习，从而获得专业技能知识，这是不可取的。

第二，专业基础理论课程的内容设计跟不上时代要求。目前，在大多数的高职院校大数据与会计专业的建设中，企业的参与程度普遍不高，只是在需要综合实习的时候，才会邀请公司的专家一起探讨和设计相关课程。目前，我国高职院校对相关专业基础知识的研究主要集中在院校已有的教学资源上，而没有充分利用企业所拥有的资源优势和技术优势。即使由于社会发展，一些旧的理论不再适合当今的发展，但是一些教师还是在向学生传授此类的内容。特别是对于会计行业来说，其与社会经济发展的形势直接相关，内容更新速度极快，具有很高的特殊性和很大的变化性。每年，国家的相关政策和法律法规的修订，都有可能对大数据与会计专业学科的设置和评价产生影响。因此，高等职业院校必须对课程做出相应的改变和修订。

（3）高职院校学生职业能力的培养有待加强

高职院校是培养企业第一线生产人员的重要场所，其中大部分都是要走上工作岗位的操作者，与企业的利益密切相关，因此也就日益受到重视。但是，由于受到了扩招思想的影响，为了能够获得优质生源，各个高等职业院校的发展重心大多集中在了校园环境、文化建设以及师资队伍的能力强化上，而职业能力的培养对学校本身来说短期无法见效，对增强院校的影响力方面不具有助力，所以，在如何提升在校学生的职业能力方面重视度不足，这尤其表现在关键能力方面。关键能力主要指的是学生进行实际操作与解决实际问题的能力。尽管现在国家提出要培养多技能复合型人才，但是在高职大数据与会计专业中，这种要求并没有完全改变学生平时的考核方式，这就造成学生所学的知识与工作岗位不相适应，所学的专业与产业的发展脱轨。如果在学校内，校方只关注学生对知识的获取，而不关注学生的综合性能力，往往培养出来的就是知识领域的巨人，现实中的矮人，在走入岗位后，多会因为沟通能力不足、实践能力低下等问题，影响职业发展。

一些高等职业院校的大数据与会计专业的教师，对综合职业能力的认识还不够深刻，将其与技能简单地等同起来，但实际上，它的范围比技能学习要大得多。因为这种认识上的不足，培养出来的人才并不具备较高的综合素质和能力，高职毕业生的整体素质普遍偏低，尤其缺乏社交经历和社交适应性。高职大数据与会计专业没有准确地掌握职业关键能力的培养目标，仍然在延续以考试来考核学生能力的传统方式，并且即使是在这种考核中，知识面也没有结合产业发展现状进行革新，一些内容严重过时，而当学生自主学习能力不强或学生本身就没有太大积极性时，他们可以依靠死记硬背来应付考试，这对于提升学生的能力来说起不到任何作用，也无法使学生的创新能力、应变能力等得到提升。因此，大数据与会计专业应改变以死板的书面试卷来考核学生的现状，而更加注重对学生综合能力和技能方面的考核，才能够全面提升学生的职业能力。

（三）人才培养质量评价方法的现状及存在的问题

1. 人才培养质量评价方法的现状

（1）高等职业教育"文化素养＋职业技能"的评价方法逐步完善

职业教育"文化素养＋职业技能"的评价方法源于 2011 年 1 月，湖北省首先进行了这项重要改革，考试招生方式发生了变化。它使用的是"知识＋技能"的评价测验方式，在整体评价中，技能操作测评占据了很大的比例，而公共基础知识则被视为一项辅助的内容来进行考察，该评价方法的重点是对学生的专业基础知识与技能操作进行测试。不过，考试的主要内容仍然是由学校的教师来出，只是采取了将考试与实践相结合的方法。

大数据与会计专业所培养的人才，能够获得职业技能是其育人的基本和重要的一环。在现代高职院校中，在对学生进行测评或考试时，大部分都使用"文化素质＋职业技能"的评价方式，增加了技能测试的分值，并对"文化素质＋职业技能"的评价方式进行了改进。"1＋X"证书制度强调要培养多技能复合型人才，因此，高职院校的"综合素质"考核需要包括两个方面，即基本技术考核和拓展其他方面的综合素质考核，从而增强毕业生的工作适应性和工作迁移能力。目前，高职大数据与会计专业对理论知识的处理，通常都是使用纸质版考卷或计算机考核的方式，主要是以客观的题目为主要内容，而职业技能测试则是在实训基地进行的模拟。在对学生进行的每一次评价中，"文化素质＋职业技能"的评价方式都会被贯穿其中，具体内容有课堂测验以及期中、期末考试等，这样才能够对学生学习获得知识与技能这个过程的情况进行有效的把握，并将其实施动态性评价。"职业技能"考核方式以动手测试为主要内容，同时要充分发挥校企共建的实习基地和实习平台的优势。测试内容要将职业技能和通用技术结合起来，探讨适合于社会需要的专业人才培养目标。

（2）第三方评价机构的评价方法更加客观

通过第三方评价机构的评价，可以提升大数据与会计专业的教学质量，第三方评价机构能够使职业教育始终保持着活力，客观公正的特征使职业教育可持续发展。第三方评价能够对高校和政府之间的关系进行调整，首先，从政府的角度来看，它能够以多种方式为政府贡献自己的力量，对政府的决策提出自己的意见和建议，同时也能够向院方传达政府的意见和建议，让政府能够从一些次等重要的事务中解脱出来，将全部精力放在重要事务的处理上。而这一过程，也是第三方评价机构为高职院校服务的过程，它能够让院校客观地认识到自身存在的问题，明确高校的市场定位，保证院校的可持续发展。其次，从高职院校的角度来看，可将自身视为教育第三方评价机构的积极推动者、合作者和受益者。自身与第三方评价机构之间是一种合作的关系，同时也能够在其帮助下及时地更正教育改革中的不足之处，所以，以往那种对第三方评价机构拒之门外的态度可以更新，重新构建教育第三方评价的价值立场，以互助互利的心态建立合作关系，以找出工作中存在的不足和短板。最后，从校企合作角度来看，第三方评价机构能为校企双方提供有效的资讯，减少双方的信息差。从以上多角度进行综合分析，我们能够看出，第三方评价机构无论与高等职业院校还是政府，都具有平等的地位，所以其评价具有客观性特征。

2. 人才培养质量评价方法存在的问题

（1）评价更注重结果，而忽视过程

目前来看，第三方评价机构在开展评价活动时，还是会以结果为主，对过程多采取忽视的态度。而且，仅从评价结果来看，也未完全发挥出其应有的作用。以"1＋X"证书制度下技能证书的获得为例，此类考试目前也多以书面文字考试为主，这种方式固然可以测试出学生的一部分水平，但是却不能够完全体现出学生的综合水平，这种方式产生的评价，也仅是以结果为主，而忽视了综合性评价。"综合性评价重视学习过程评价，考核方式相对难以控制，这使得评价结果出现表面化和单一化。"[①] 对于大数据与会计专业的学生来说，或者说对于任何职业院校的学生来说，综合性评价都是非常重要的，理论知识固然是重要的，但仅代表了学生的一部分能力，对于应用型人才来说，职业相关的实践能力，以及解决能力和创新能力等，也都应该作为能力考核的一部分。当前，第三方评价机构对教育的评价方式更多采用的是一种"一劳永逸"的一次性评价方式，而且偏重学生对基础知识、基础技术的了解，卷面考试结束后，就会根据所得分数来决定是否为学生发放技能等级证书，这种片面的评价方式，将会严重影响学生综合素质的提升。

---

① 涂艳国. 教育评价［M］. 北京：高等教育出版社，2007：233.

（2）未建立完善的第三方教育评价支持体系

当前，国家将教育活动效果的评价和开展情况的监督，委托给了来自社会的第三方评价机构，但是，对于第三方机构权益的保障和相关评价活动的开展等方面，却没有相应的政策或法律法规给予保障。具体表现为以下几个方面：首先，没有一个可靠的监管制度。教育评价工作的顺利开展，离不开法律的保障。当前，我国的教育评价立法还比较滞后，在评价的主体、评价的程序规则以及评价的法律责任等方面还存在一些问题。其次，政府对此还未形成有效的扶持与监管体系。对于第三方评价机构，目前还没有明确的认证标准，在第三方评价机构的运行机制、服务标准与管理监督机制等方面也缺乏相关明文规定。

大部分第三方评价机构都是由政府和学校等组织提供或委托，开展评价活动和提供咨询服务的。但是，在以往的评价工作中，第三方评价机构往往不能独立，评价工作人员和评价经费均由教育管理部门直接控制，因此，评价工作缺乏独立性和公正性。所以，无论是评价方案的执行，还是评价结果的公布，公众的意见都会更多地偏向于政府评价，因此导致院校与第三方评价机构的合作意愿偏低，使其生存环境变得较为艰难，不利于其长期发展。

（3）学分互认、转换的评价方法落实不到位

在我国职业教育领域中，实际上学分互认和转换的理念早已经存在，但因缺乏一套完善的政策与系统保证，目前仍处于起步阶段，还属于一种较新的学分管理方式。目前正在推行的"1＋X"证书制度的试点工作，就是用学分互认和转换来完成高职教育的。

此种方式能够有效地节省学生的学习时间，提升学生的学习效率，并让其对考取技能证书产生更多的积极性。在具体实施时，可以将学生所学专业中的知识学分和技能证书按照不同级别记入学分，并且可以相互转换，达到院校免修的标准后即可申请免修。将形成性评价与最终评价相结合，利用学分互认，将每个学生的不同成果纳入到人才发展整体评价之中，将

各种证书转换为各种学分，记入学生的学分管理账户，从而激发学生的学习热情和考证积极性。

在高职院校实施学分互认和转化评价时，应充分利用先进的技术手段，以"信息交换"为保障，确保学分互认和转化评价工作有效开展。然而，目前高职院校的教育教学信息化还存在着一定的问题，致使学生的学分互认和转化等评价方式无法得到有效实施。首先，目前我国高等职业院校的教学管理体系存在着层次上的差距，有的院校的教学信息化水平已经很高，而有的院校在此方面还比较滞后。其次，一些高职院校对于学分转化并不积极，也没有建立相应的信息管理系统。他们认为原来的学分管理体系就可以充分适应当前的管理需求，额外投入资金进行信息技术的建设是对财力的一种浪费。

三、人才培养质量评价体系的构建原则

"1 + X"证书制度、产教融合等背景对于高职院校人才的实践技能要求越来越高，传统的以学生理论知识为评价核心的评价机制明显不再适应当下的要求。为满足社会对会计人才的需求标准，大数据与会计专业的人才培养应搭建起多主体的教学评价机制。从学生、教师、学校、实践单位等多个主体进行评价，为综合育人的贯彻落实提供评价机制参考，开展更加全面具体的评价活动。通过评价机制，实现大数据与会计专业人才的全员、全过程、全方位的育人目标，一方面是要求能够展开对大数据与会计专业学生的实践活动的评价，能够了解学生在实践过程中的职业素养、职业技能等情况。另一方面是要求能够导入多主体评价的方式，不仅仅让教师评价学生的专业学习情况，更能够以学生为主体，反向评价高职院校大数据与会计专业所采用的人才培养模式的实际效果以及学生互评。[①] 构建人才培养质量评价体系应遵循以下几个原则：

---

① 林夕宝，余景波，刘美云. 基于"1 + X"证书制度的高职院校人才培养调查与分析［J］. 职教通讯，2019（08）：10 - 17.

其一，全面性和系统性结合原则。全面性原则要求在构建大数据与会计专业教学质量评价体系的时候，要将能够影响大数据与会计专业教学质量的所有因素充分考虑进去，让评价体系既能体现大数据与会计专业教学质量，又能提供所需的数据。系统性原则就是指各因素不能无序地进行简单的组合与叠加，而是要充分考虑各因素的内在关联与相互作用。通常情况下，高层次指标对其下属指标进行控制，而下属指标对上层指标的具体含义进行了补充并进一步说明。

其二，科学性和先进性结合原则。科学性是指所选择的指标符合社会的逻辑与常识，能够对大数据与会计专业的教学质量进行客观的评价，并具有一定的合理性。而先进性指的是，所构建的指标体系应该与经济发展对大数据与会计专业教学的要求密切联系起来，当指标被确定之后，并不代表它是一成不变的，它应该紧跟社会发展的现实，与时俱进，体现出某种高瞻远瞩的特征。

其三，定量和定性分析结合原则。要对大数据与会计专业的教学质量进行科学、合理的评价，就必须对其进行量化和规范化，并尽可能使用定量的分析方法。然而，在一些不能定量描述的因素中，如教师的人格魅力等，这时候就只能采用定性分析法。所以只有两者结合，才能达到质量评价的目的。

其四，可行性和可操作性结合原则。在建立评价体系的过程中，所选择的指标既要有可收集、可量化的特征，又要有可测量的特征，也就是说，在收集数据的时候，不管是在定性上，还是在定量上，都要容易获得，并且可以使用一些统计方法来处理和整理这些信息，从而获得所需的数据。

四、人才培养质量评价机制的构建对策

对高等职业院校的教学质量进行评价时，通常会将高职院校或者专业自身作为开展评价活动的目标。人才培养质量评价通常包括了对教师的教学能力、学生的学习质量以及学校的人才培养等方面的全面评价，评价活

动开展的主体通常是高职院校自身。目前，这种评价方式所存在的最大的一个问题就是，评价的主体单一，所产生评价的结果也并不客观。构建多元人才培养质量评价机制，能够让评价的主体不再只是高职院校，而是与社会、企业共同合作展开的多主体考评方式，评价结果将被更好地整合起来。在教学评价方面，可以使用"学校 + 同行 + 学生 + 社会"的多元主体来展开对教学能力的评价，学校评价主要负责对学生的理论知识的扎实程度、职业道德的高低、会计法律法规意识的强弱等方面进行评价。

（一）对"教"的评价

1. 教师教学能力评价

教师应该热爱自己的职业，具有精益求精的精神，具有深刻的职业理念和教学道德观念。在工作活动的开展过程中，应具有积极、认真且脚踏实地的态度。在教学技能方面，应具备扎实的理论性知识，并能够对教学方法不断进行创新，能够自行制订完善的教学计划，并科学地选择教材内容。并且能够掌握管理学生的方法与技能，将自己的全部精力都能够放在教育和管理学生上，能够做到以人为本，关心爱护学生，尊重不同学生的个性，让每个学生都能够获得个性发展。

在高职院校大数据与会计专业的教学改革工作中，只有当教师发挥好自己的作用，做好对内容的讲解时，才可以让学生得到更优质的教育。因此，在对教师的工作进行评价时，可以从教师的基础工作能力和教学态度两方面进行。教师所采用的教学方式是否科学、其教学能力的高低、教学计划的制订是否科学、是否具有较高的语言表述能力以及对岗位职业实践技能的掌握水平等，均属于其基础工作能力。而教师是否重视学生对课堂教学内容的反馈、是否关注学生的心理状态、是否尊重学生的个性等，则属于教学态度范畴。具体的评价过程要依照对于教师的考核以及学生取得成就两个方面推行该项工作，最终让教师能够更好地了解当前自身存在的教学问题，并提出针对这些问题的解决方法。①

---

① 李建红. "双证融通，工学结合"的会计专业教学评价［J］. 江苏教育，2016（16）：53－54.

2. 不同评价主体的评价标准

单一主体的评价缺乏客观性，因此，需要在开展评价活动时，参考教学相关利益者的多方评价主体的意见，形成综合评价结果。在评价过程中需要明确对教学活动进行评价的目的是提升教学质量，所以需要参考企业用人需求和岗位标准，构建由学校、同行、学生、社会等多方面参与的评价体系。

学校评价的核心是负责。院校方在针对教学活动开展评价时，需要将教师在教学过程中是否能够承担起自己的职责放在首位。如在教学计划的制订中，是否有参考学校制定的相应标准；教学的效果是否达到目标等。在制订了相应的教学计划后，是否完全按照计划开展教学；另外，还需要对教师管理学生的能力和态度进行评价。

同行评价的核心是实践。在课程设置上，应实行以"以技能为核心，以职业实践为主线，以项目课程为主要内容的模块式课程设置，提高课程设置的实用性"。在进行专业教育的过程中，除了培养学生的职业能力外，还需要注重学生职业道德素质的培养，避免填鸭式、单向灌输等单调死板的教学方式，能够将新型教学方式和手段融入自己的课堂中，提升课堂的活力并激发学生学习的积极性。通过教学工作的开展，能够有效地提升学生包括表述能力、解决问题的能力、分析能力、沟通能力、合作能力等在内的综合能力；能够帮助学生对自己产生全面的认识，并树立自信心，勇于超越自己。

学生的评价核心为喜欢。为了让学生的评价更具有客观性，评价内容需要全面一些，如包含教师的职业素质、教学水平、教学效果、教学管理等方面的内容。重点关注教师与学生相处的态度，教师是否能够尊重学生的个性，学生是否受到平等待遇等。

社会评价的核心是接轨。社会评价组织包含了企业和科研机构等单位。在对教师的教育工作进行评价时可将接轨作为核心，具体包括其理论知识和实践技能的结合能力，教学内容和岗位职责的对接力度，培养的学生所具有的沟通能力和团队合作能力等，后两者对于学生踏入社会后是否能够获得长足发展至关重要。

(二) 对"学"的评价

1. 学生学习成果综合评价

对学生的学习成果进行评价,需要结合多方面的内容进行综合性考察,如在理论性知识的学习上,考查学生是否对所学知识能够透彻地进行理解,并能够进行运用,而在实践技能的学习方面,则需要考查学生是否具备"能做账、会报税、懂管理"的职业技能,可以满足企业会计岗位的需要。

2. 不同评价主体的评价标准

从人才培养的角度出发,根据企业的就业标准,建立教师、家长、行业企业等多方面的评价体系。构建"能力导向"的学生评价模型。要以"应用技术"为导向,注重对学生的技能学习和训练的考核,促进专业课程考试与职业资格鉴定的衔接统一,提高学生的综合素养,引导学生全面发展,动态适应社会发展的能力需求。

教师评价的核心为会学。学生需要能够掌握适合自己的学习方法,对本专业的知识理解透彻,并且能够将理论知识和实践知识很好地进行融合,同时,还需要有学习的积极性和主动性。另外,应具有能够独立解决问题的能力、创新能力、沟通能力及团队合作能力。

家长评价的核心为进步。观察孩子在学习上的态度有没有改变,有没有进步,和父母的关系是否和睦。

社会评价的核心是有用。用人单位对应届毕业生的素质要求是:具备从事会计行业的基本职业技能和职业道德。

学生之间的相互评价的核心是反思。以小组为单位,让组内的学生进行互相评价。在这一过程中,要尊重学生的主体地位,减少教师的干预,让学生能够积极主动地参与评价活动,并通过互相之间的对比,全面认识自我,发现自己的不足,通过反思来改善自己的学习行为,进而提升自己的综合素质。

3. 学习综合评价体系

高职大数据与会计专业主要培养的是能够对企业最重要的资本进行有

效管理与运用的人才。采用"双证融通，工学结合"的会计评价模式，构建学校、行业企业、研究机构等多方共同参与的评价机制。重视对学生技术能力的评价，推动高校技术能力评价和职业能力评价之间的联系和配合，从而提升学生的整体素质，指导他们的全面发展。以社会的要求为中心，对学校的运作进行评价，使其能够主动地与当地的工业经济和社会发展相协调。从"检测"到"引导"，这是一种教学改革。高校应该根据多元化能力的理念，制定一套统一的、具体的、科学的能力评价标准。对每位学生的协作和交流技巧进行全面评价。在此基础上，将"优、良、中、差"这一泛化和抽象化的分级方法转化为"真实而准确的分级"。通过"角色扮演""体验""反思"等实践环节，使学生在学习过程中体会到职位工作的深刻含义和职责，从而树立起以诚实为核心的"会计人"的观念；对实践环节进行更新和扩展，从而推动学生独立的和专业化的发展。优质的教学评价作为教学的首要环节，应发挥其引导、检验和激励作用，以及筛选功能、改善功能、引导功能和鼓励功能。"双证融通，工学结合"的会计评价模式改革，应该凸显出推动就业和创业导向的特点。在考核体系中，应该把对岗位的实际操作能力的培养作为一个基本的依据，把能够反映就业和创业竞争力的职业资格作为一种联系，要以专业技术人员的专业技术规程、专业技术人员的专业技术职称评定为主要依据。在此基础上，提出了一种新的会计工作评价方法，即在新的基础上，对会计工作中的各方面进行全面的评价，并对其进行相应的评价，通过"双证书"体系来实现对其的评价，提高其工作的针对性和实用性。

理论考核与技能考核相结合。通过提高技能考试的比例，将技能考试和理论考试有机地结合起来，全面考查学生的理论知识运用能力，从而使他们的专业技能得到提升。目前，高职大数据与会计专业的考核依然是以理论知识为主要内容，考核的重点也没有脱离课本，与职业有关的各种技能没有得到重视，只注重思想而轻视实践，所以在考核时应该更多地强化技能要素，把技能考试作为一个重要的内容来对待，这样才能更好地达成教学目标。

过程性考核和终结性考核有机结合。考核的侧重点应趋向于考核过程而非一贯性的考核结果。当前，在评价方式上，仍以期终考核为依据，面对这样的情况，应当改变原来的考核模式，将考核的重点转向学习过程中的内容，例如，课程中的知识、职业能力、道德品质等多个角度，从学生的实践能力、情感态度等多个方面来进行考核。同时，适当提高过程考核的比重，将期末考试的比重适当降低。在学期末的综合评价工作中，平时的各种量化分数占总评成绩的比例不得少于50%，并只有通过了过程考核才能参加期末测评。将过程考核和最终考核有机地结合在一起，对学习成果进行全面的评价，既能考核学生平时的实践过程，又能兼顾学生的期末结果，给学生作出一个公平的、全面的评价。

校内与校外考核相结合。选择适当的考核方式，不仅要考虑到学生在学校内部的学习状况，还应考虑到学生在学校外部的工作状况，通过院校和企业两种途径来进行考核。努力实现教室和实习场所的整合。鼓励学生敢于尝试，走出课堂，走出实验室，走进企业的第一线。对实习成绩的评价，不仅仅是由学校来完成，还要由实习单位、雇主和社会三方共同参与。从理论知识、专业技能和综合素质三个方面对学生进行综合评价。在对实践技能的评价中，主要依靠的是企业的评价，对学生的职业能力的评价还应该借助第三方专业评价，进而对在校的学生或毕业生展开客观的评价。评价的基础是，学生的能力和素质是否能够与企业对会计职员的需要相匹配，同时还可以参照第三方评价，对会计职员的职场表现进行汇总与定级。例如，了解学生目前的工作绩效，也就是他们在毕业之后是否能够适应公司对工作的需求，并得到满意的工资待遇。又例如，对学生的技术考级工作进行评价，主要以委托专业的第三方评价机构的方式进行。因此，对于高等职业院校大数据与会计专业的学科考核，应当在校内实行以学院、系部为主体，并与实习单位、用人单位相结合的评价方式。要建立健全考核体系，全面、科学地评价学生的综合素质。除此之外，大数据与会计专业还应该积极鼓励学生参加资格考试，考取相关的证书，并为学生进行的相关考试在力所能及的范围内提供便利。

五、人才培养质量评价体系的建设对策

（一）完善人才培养质量评价内容

1. 职业技能等级证书标准融入人才培养方案

高职大数据与会计专业的设置要与市场经济发展策略相结合。大数据与会计专业的人才培养标准确定了学生需要学习的课程，其中包括基础知识学习和技能学习，因此，课程的设置会直接影响到对人才培养质量的评价，同时，将"1＋X"证书制度中所说的职业技能证书标准与人才培养计划相结合，也是一种有效的方法。

首先，高职大数据与会计专业需要深入到市场中，了解人才需求动向，将调研数据进行整理分析，明确市场对人才的要求，按照"1＋X"证书制度和职业技能等级体系的要求，编制出适合高等职业教育的专业目录，并使其体现在学校的人才培养计划中。大数据与会计专业设置要与高职教育的发展紧密结合，制定出一套科学、合理的专业设置方案，并根据自己院校的层次，对学生的专业人才培养方案进行合理的规划。其次，要根据地区经济发展的实际情况，准确把握地区的行业特点和发展趋势。专业链对接本区域的产业链，注重总结产业发展的全过程、产品销售过程和售后服务等一系列问题和经验，而这些实际经验都是市场与大数据和会计专业相结合的前提。将生产流程与学生的专业培养相结合，促进企业和高职院校的协同发展。最后，大数据与会计专业应当持续地对其专业的组成进行调整，从而使之与本地区的产业发展相适应。

2. 重视学生基础知识的评价

其一，重视公共基础课程。在专业基础课程中，公共基础课程是一种基本课程，它是提升学生综合素养不可或缺的一种途径，在以职业技能为主的高职院校的人才培养中，也不能忽略它的重要性。只有在专业的教学中加入基础课程的学习，学生们才能更好地掌握高职教育中所需要的技术知识，并能够更好地学习其他学科的知识，才能够对学到的知识进行熟练的运用。只有将专业课程和基础课程相结合，才能提高大学生的专业素质。

研究发现，对基础知识学习能力高的学生，也拥有较高的创造力，能够应用基础知识来解决问题。

其二，加强基础课程与专业课程的联系。大数据与会计专业的学生需要掌握扎实的理论性知识，只有这样，才能够将理论与实践紧密结合，并且在用理论指导实践的过程中找到自己的不足之处，获得整体水平的提升。虽然职业教育培养的是应用型人才，但是如果完全不关注学生理论性知识的学习成效，就容易让学生成为只有技能而没有学识的人，这不利于解决问题能力的提升，且仅有技能的学生也不能称之为综合性人才。而专业教师在开展实践课程的过程中，也需要注重理论知识和专业技能之间的融合。例如，在具体的授课过程中，教师可以以工作岗位的工作流程作为内容，并设计几个问题，通过解决问题的过程让学生能够将所学的理论和实际相联系，从而验证学生能否提出自己的观点，能否自己解决问题，让学生能够充分认识到理论和实践结合的重要性。

3. 重视学生职业能力的评价

（1）提高职业能力培养目标

综合职业能力的特点是当遇到突发事件或者部门组织发生变动时，从业人员不会手足无措，不会由于原有的职业技能不适合新岗位的需要而失去作用。所以，大数据与会计专业应该以培养学生的综合职业能力为主要教育目的，尤其要重视对学生进行独立的问题处理和动脑筋的培养。这将有助于提升大数据与会计专业的学生在未来的工作与创业中的韧性。但是，伴随着时代的发展和高职教育的不断发展，大数据与会计专业的培养目的不能只要求学生有知识，会操作，还需要学生有情商、有情怀、有责任心。要达到这一目的，大数据与会计专业也应该开设文化构建、社会思维等方面的课程，对学生进行人文素质的培育。

（2）更新职业能力的教学模式

要想满足对学生综合职业能力的培养，高职大数据与会计专业的教育活动应该具备如下特征：首先，要以工作过程为导向，重视真实的工作情境，并在现实工作中的特定需求基础上，设计教学纲要。综合职业能力培

认知，帮助学生找回自信，提升他们学习的积极性。只有学生从内心深处真正产生学习的欲望，才能够有达成教育目标的可能性，学生积极地进行学习有利于自身全面素质的提升，也有利于高职院校人才培养质量的提升，而通过学生身上的进步，可以有效地改变社会和家长对高职院校和高职学生的看法，提升高职院校和学生的社会地位。

3. 建立国家统一的"X"证书考核标准

"X"证书的考核与评价是"1＋X"证书制度实施的最后环节也是重要一环，如果考核评价这一环节落实不到位，会导致学生获得的证书真实性大打折扣，学生的技能水平很难保证，这就失去了"1＋X"证书制度实施的真正意义。建立国家统一的"X"证书考核标准，能确保"X"证书的有效性。

首先，要为职业技术资格证书考试设立统一的考试题库。虽然每个培训评价机构的标准各不相同，但为了保证职业技能鉴定的公平性，应当建立一个全国范围内的测试题库，提供统一的测试题，在其中抽取题目进行考试，让考核更具说服力。在这个统一的考试题库中，应该设计足够多的试题，培训评价机构在考试的时候，可以从题库中随机抽取试题。考试前，试题被封闭并保存起来。其次，培训评价机构对学生的评价采取流动评价方式，将不及格的学生剔除出去。为确保考试及格的真实性，使"1＋X"证书制度更好地发挥其促进学生技能发展的功能，必须对技能等级证书进行动态的评价，以确保"X"证书的效用。"X"证书的考核评价是对学生的测验，更为用人单位选拔人才贡献力量。最后，监考教师的分配应该随机抽取。监考的地点随机，每年不能是固定的；随机分配评判教师，并将评判的结果加密后放到专门的网站。

4. 学校学业评价与职业技能考核融合

推动大数据与会计专业的学业评价和职业技能测试相结合，突破原来的评价系统的限制，实现评价体系的改革，真正用评价来推动大数据与会计专业的学生们的能力的提高，实现大数据与会计专业人才培养与社会企业用人的有效归结。立足"以人为本"的整体评价理念，立足于学生的专业发展需要，从知识、技能和素养三个方面入手，使课程评价和职业技能评价"合二为一"。

以"1＋X"证书制度为背景，以大数据与会计专业和培训评价机构等多部门联动为保证，从根本上解决"双证书"体系中"两张皮"的问题，从根本上解决大数据与会计专业考证中的"应试"现象，提高大数据与会计专业学习的效率和效果，大幅度降低高职院校的人才培养成本，促进高职院校的人才培养与企业对人才的需要相结合，为学生的终身发展提供服务。根据新的评价制度及评价标准，组织学校进行"融通课程"评价。理论基础和技能知识的考试是由学校组织的，出题人应该和在学校上课的老师分离开来，以闭卷和上机考试为主。职业技能评价应以全过程为重点，以综合评价为主，由评价机构和鉴定中心统筹实施。所有科目考试完毕后，按照"双证融通"科目的考试结果，对学生的成绩进行评定，并授予相关的职业资格证书。

参考文献

一、著作类

[1] 史忠良. 新编产业经济学 [M]. 北京：中国社会科学出版社，2007.

[2] 卢福财. 产业经济学 [M]. 上海：复旦大学出版社，2012.

[3] 周振华. 信息化与产业融合 [M]. 上海：上海人民出版社，2003.

[4] 叶鉴铭，徐建华，丁学恭. 校企共同体：校企一体化机制创新与实践 [M]. 上海：上海三联书店，2009.

[5] 褚宏启. 中国现代教育体系研究 [M]. 北京：北京师范大学出版社，2014.

[6] 涂艳国. 教育评价 [M]. 北京：高等教育出版社，2007.

二、论文类

[1] 职业教育与继续教育 [EB/OL]. （2008 - 10 - 08）. http：//www. moe. gov. cn/jyb_ xwfb/xw_ fbh/moe_ 2606/moe_ 2074/moe_ 2437/moe_ 2444/tnull_ 39457. html.

[2] 实践创新：铸就中国特色高等职业教育品牌 [EB/OL]. （2019 - 04 - 08）. http：//www. moe. gov. cn/jyb_ xwfb/xw_ zt/moe_ 357/jyzt_ 2019n/2019_ zt8/zjjd/201904/t20190424_ 379348. html.

[3] 刘红. 发现高职：不一样的大学——首份高等职业教育质量年度报告发布 [J]. 中国职业技术教育，2012（25）.

［4］教育部关于印发《高等职业院校人才培养工作评估方案》的通知 ［EB/OL］.（2008 – 04 – 03）. http：//www. moe. gov. cn/srcsite/A07/moe _ 737/s3876_ qt/200804/t20080403_ 110098. html.

［5］王宝岩. 我国高等职业教育政策定位研究 ［J］. 现代教育科学，2011 （03）.

［6］转发国务院批转教育部面向 21 世纪教育振兴行动计划的通知 ［EB/OL］.（1999 – 04 – 13）. https：//www. gd. gov. cn/zwgk/gongbao/1999/13/content/post_ 3359580. html.

［7］张强. 党的十八大以来我国职业教育的发展进程、成效经验与未来路向 ［J］. 职教通讯，2022 （10）.

［8］教育部　财政部关于实施中国特色高水平高职学校和专业建设计划的意见 ［EB/OL］.（2019 – 04 – 1）. http：//www. moe. gov. cn/srcsite/A07/moe_ 737/s3876_ qt/201904/t20190402_ 376471. html.

［9］陈桂梅. 调职院校多元结构化人才培养内部机制研究 ［J］. 中国职业技术教育，2021 （06）.

［10］严碧华. 产教融合需持续走深走实 ［J］. 民生周刊，2023 （05）.

［11］徐航. 培育大国工匠厚植职业教育沃土 ［J］. 中国人大，2022 （09）.

［12］章太炎. 大师讲堂学术经典：章太炎讲国学 ［M］. 北京：团结出版社，2019：76.

［13］曾劲. 近代中国会计教育的发展历程 ［J］. 江西社会科学，2007 （12）.

［14］王爱国. 改革开放 30 年我国会计教育的回顾和展望 ［J］. 财务与会计，2009 （03）.

［15］方守湖. 高职院校创新创业教育的定位及实施选择 ［J］. 黑龙江高教研究，2010 （07）.

［16］贺婧，边帅. 高职院校会计专业审计课程改革探讨 ［J］. 齐鲁珠坛，2019 （06）.

［17］张琰，杨玲玲. 彰显劳动教育综合育人价值 ［J］. 中国高等教育，

2020（09）．

[18] 郭元祥，舒丹．论综合实践活动的育人功能及其条件［J］．教育发展研究，2019，38（10）．

[19] 张琪琪．黄炎培职业教育课程思想及其当代价值［J］．山西青年，2021（13）．

[20] 边卫军．基于黄炎培职业教育思想的职业院校人才培养模式探讨［J］．营销界，2021（08）．

[21] 李小花．"1＋X"证书制度下高职院校会计专业人才培养路径研究［J］．华东纸业，2021，51（06）．

[22] 李小花．"三高四新"战略下高职大数据与会计专业"1＋X"证书人才培养路径研究［J］．中国管理信息化，2022，25（11）．

[23] 邢海玲，吴景阳，贾心淼，等．澳大利亚 TAFE 模式本土化实践与大数据与会计专业课程建设探索［J］．北京经济管理职业学院学报，2021，36（03）．

[24] 朱晓蓉．"竞赛—能力—就业"路径的高职会计专业教学改革探索与实践［J］．当代会计，2018（04）．

[25] 陆珊，张葆华，王彦杉．湖南环境生物职业技术学院会计技能竞赛现状［J］．教育教学论坛，2022（47）．

[26] 刘祖应．探究技工学校技能竞赛与常规教学的有效融合［J］．职业，2021（07）．

[27] 陆文灏，魏婕．教学能力大赛视域下职业教育教学改革实践探索——以高职《汽车电气系统检修》课程为例［J］．汽车与驾驶维修（维修版），2022（06）．

[28] 曹元军，李曙生，卢意．高职产业学院"岗课赛证"融通研究［J］．教育与职业，2022（07）．

[29] 张优勤，周清清．高职院校大数据与会计专业"书证融通"的实践探索——基于"1＋X"证书制度［J］．现代商贸工业，2023，44（02）．

［30］马玉霞，王大帅，冯湘．基于"岗课赛证"融通的高职课程体系建设探究［J］．教育与职业，2021（23）．

［31］王婷，周兵．高校会计职业道德教育的课堂实施策略探讨［J］．财会通讯，2017（34）．

［32］于志晶，刘海，程宇，等．从职教大国迈向职教强国——中国职业教育2030研究报告［J］．职业技术教育，2017，38（03）．

［33］孙树旺．产业融合背景下企业成长路径探讨［J］．财会通讯，2014（14）．

［34］许晗．从产业融合视角看职业技术教育的创新性发展［J］．中国职业技术教育，2013（21）．

［35］高文杰．转型的力量：第四次工业革命对职业教育的影响［J］．中国职业技术教育，2016（33）．

［36］黄群慧．"新经济"基本特征与企业管理变革方向［J］．辽宁大学学报（哲学社会科学版），2016，44（05）．

［37］赵应生，钟秉林，洪煜．转变教育发展方式：教育事业科学发展的必然选择［J］．教育研究，2012，33（01）．

［38］吴建新，易雪玲，欧阳河，等．职业教育校企合作四维分析概念模型及指标体系构建［J］．高教探索，2015（05）．

［39］邓志良．职业教育专业随产业发展动态调整的机制研究［J］．中国职业技术教育，2014（21）．

［40］芦丹丹．基于区域产业转型升级需求的高校人才培养结构优化策略——以温州为例［J］．生产力研究，2020（03）．

［41］黄毅，沈锐．推动高等教育内涵式高质量发展培养新时代创新型人才［J］．中国高等教育，2022（20）．

［42］龚君，张大海．基于产教融合的高职"PLC技术应用"课程的教学改革探索［J］．科技风，2023（12）．

［43］杨阳．高职会计专业优化"产教融合、校企合作"路径研究［J］．产

业与科技论坛，2020，19（22）.

［44］刘东. 新时代高职院校财务会计类专业产教融合的困境与突破［J］. 产业创新研究，2023（02）.

［45］黄丽娟，段向军. 高职院校"双师型"教师队伍建设存在问题及对策建议［J］. 文教资料，2023（01）.

［46］薛志国. 会计专业在双师型教师建设中存在的问题及建议［J］. 环渤海经济瞭望，2020（09）.

［47］曾阳欣玥. 产教融合视域下高职财会专业"双师双能型"教师职业能力提升路径研究［J］. 中关村，2023（04）.

［48］李丹丹，巩敏焕. 产教融合模式下会计专业应用型人才培养质量评价研究［J］. 环渤海经济瞭望，2020（07）.

［49］林夕宝，余景波，刘美云. 基于"1＋X"证书制度的高职院校人才培养调查与分析［J］. 职教通讯，2019（08）.

［50］南纪稳. 教育增值与学校评估模式重构［J］. 中国教育学刊，2003（07）.

［51］张杰. F职院创新型会计人才培养模式研究［D］. 福州：福建师范大学，2018.

［52］卿林芝. 学科的综合育人性及其实践研究［D］. 成都：四川师范大学，2022.

［53］古隆梅. 探析能力本位教育在高职英语教学改革中的应用［D］. 重庆：西南大学，2008.

［54］郝雅琴. 高职院校会计学专业课程教学研究［D］. 西安：西安建筑科技大学，2015.

［55］姚小平. 高职院校基于职业能力导向的会计专业实践教学研究［D］. 石家庄：石家庄铁道大学，2018.

［56］朱红梅. 职业能力导向的高职会计专业课程实践教学研究［D］. 金华：浙江师范大学，2011.

［57］周健珊．"1＋X"证书制度视域下中职学校会计事务专业人才培养模式研究——以广州市财经商贸职业学校为例［D］．广州：广东技术师范大学，2022．

［58］郭达．产业演进趋势下高等职业教育与产业协调发展研究［D］．天津：天津大学，2017．

［59］陆秋宇．高职产教融合协同治理研究——以Z高职学院财会专业为例［D］．扬州：扬州大学，2022．

附录一　湖南省长沙市高职学校大数据与会计专业综合育人现状调查问卷（学生版）

亲爱的各位学生们：

你们好！本人正在针对高职大数据与会计专业人才培养情况进行研究。你提供的信息可以帮助我们更为客观、全面地评价高职大数据与会计专业人才培养情况。你所提供的任何信息皆以匿名形式进行，并仅供研究使用，因而将会对你的个人信息予以保密。

本问卷一共30道题目，均为单选题，请先阅读每个问题，然后在每个问题后所给出的几个答案中选择符合你的实际情况的答案，在_____上写出答案。本调查约需花费你4分钟时间，恳请你抽出宝贵时间认真回答此问卷的问题，非常感谢你的配合，祝你学业有成！

1. 你是哪个年级？_____

   A. 一年级　　　　　　　　　B. 二年级

   C. 三年级

2. 你选择本专业的原因是什么？_____

   A. 自己兴趣　　　　　　　　B. 就业原因

   C. 家长决定　　　　　　　　D. 各宣传渠道留意到

   E. 其他

3. 你认为专业理论课较多还是实践课较多？_____

   A. 理论课占多数　　　　　　B. 实践课占多数

   C. 一样多

4. 你认为你们专业课程设置合理吗？_____

   A. 非常合理　　　　　　　　B. 合理

C. 一般 　　　　　　　　D. 不太合理

E. 不合理

5. 你们专业课教师课堂上最常用哪种方法授课？＿＿＿＿＿＿

A. PPT 展示 　　　　　　B. 案例教学

C. 实践演示教学 　　　　D. 理论讲授

E. 其他

6. 你是否希望学校提供实习机会或者课程实践机会？

A. 特别希望 　　　　　　B. 无所谓

C. 不希望

7. 你对学校实训设施满意吗？

A. 非常不满意 　　　　　B. 不太满意

C. 一般 　　　　　　　　D. 比较满意

E. 非常满意

8. 你对学校提供的实习机会满意吗？

A. 非常不满意 　　　　　B. 不太满意

C. 一般 　　　　　　　　D. 比较满意

E. 非常满意

9. 你对学校合作的企业满意吗？

A. 非常不满意 　　　　　B. 不太满意

C. 一般 　　　　　　　　D. 比较满意

E. 非常满意

10. 你对实践教学安排满意吗？＿＿＿＿＿＿

A. 非常不满意 　　　　　B. 不太满意

C. 一般 　　　　　　　　D. 比较满意

E. 非常满意

11. 你对学校的相关实习制度满意吗？＿＿＿＿＿＿

A. 非常不满意 　　　　　B. 不太满意

C. 一般 　　　　　　　　D. 比较满意

E. 非常满意

12. 我对"1＋X"证书制度很了解。_____

    A. 非常符合   B. 符合

    C. 一般   D. 不符合

    E. 完全不符合

13. 我很愿意考取会计相关职业技能等级证或职业资格证书。_____

    A. 非常符合   B. 符合

    C. 一般   D. 不符合

    E. 完全不符合

14. 我愿意考取"1＋X"中的会计相关职业技能等级证书。_____

    A. 非常符合   B. 符合

    C. 一般   D. 不符合

    E. 完全不符合

15. 会计相关职业技能等级证书和学历证书相比我更愿意获得学历证书。_____

    A. 非常符合   B. 符合

    C. 一般   D. 不符合

    E. 完全不符合

16. 我认为会计相关职业技能证书或职业资格证书对就业有帮助。_____

    A. 非常符合   B. 符合

    C. 一般   D. 不符合

    E. 完全不符合

17. 我考取了或者正在考本专业所需要的专业技能等级证书。_____

    A. 完全不符合   B. 基本不符合

    C. 一般   D. 基本符合

    E. 完全符合

18. 据我所知，学校组织专业比赛活动的频率是_____。

    A. 从未   B. 很少

    C. 一般　　　　　　　　　　D. 经常

    E. 总是

19. 我参加学校组织的专业比赛活动频率是_____。

    A. 从未　　　　　　　　　　B. 很少

    C. 一般　　　　　　　　　　D. 经常

    E. 总是

20. 据我所知，学校与企业合作组织的专业比赛活动频率是_____。

    A. 从未　　　　　　　　　　B. 很少

    C. 一般　　　　　　　　　　D. 经常

    E. 总是

21. 我参加学校与企业合作组织的专业比赛活动频率是_____。

    A. 从未　　　　　　　　　　B. 很少

    C. 一般　　　　　　　　　　D. 经常

    E. 总是

22. 学校提供的实习岗位与所学专业符合吗？_____

    A. 完全不符合　　　　　　　B. 基本不符合

    C. 一般　　　　　　　　　　D. 基本符合

    E. 完全符合

23. 在企业实训或实习时，许多工作技能在学校学习过。_____

    A. 完全不符合　　　　　　　B. 基本不符合

    C. 一般　　　　　　　　　　D. 基本符合

    E. 完全符合

24. 我在实习过程中专业技能得到了提高。_____

    A. 完全不符合　　　　　　　B. 基本不符合

    C. 一般　　　　　　　　　　D. 基本符合

    E. 完全符合

25. 我在实习过程中沟通能力得到了提高。_____

    A. 完全不符合　　　　　　　B. 基本不符合

C. 一般   D. 基本符合

E. 完全符合

26. 我在课余时间做过与专业相关的兼职或者实习工作。_____

     A. 完全不符合   B. 基本不符合

     C. 一般   D. 基本符合

     E. 完全符合

27. 我主动通过互联网、学校、教师、朋友亲戚介绍等渠道找社会实践工作。_____

     A. 完全不符合   B. 基本不符合

     C. 一般   D. 基本符合

     E. 完全符合

28. 我认为通过社会实践可以增强自己的交往能力、就业能力等。_____

     A. 完全不符合   B. 基本不符合

     C. 一般   D. 基本符合

     E. 完全符合

29. 我参加社会实践时考虑职位是否对自己未来工作有帮助。_____

     A. 完全不符合   B. 基本不符合

     C. 一般   D. 基本符合

     E. 完全符合

30. 我能够熟练应用金蝶或用友或其他会计电算化软件。_____

     A. 完全不符合   B. 基本不符合

     C. 一般   D. 基本符合

     E. 完全符合

附录二　湖南省长沙市高职学校大数据与会计专业综合育人现状访谈提纲（教师版）

尊敬的老师：

您好！非常感谢您参与本次访谈活动。本次访谈的主要目的是了解高职学校大数据与会计专业用人需求及就业相关情况，以优化大数据与会计专业综合育人实践研究。访谈问答不记名，您不必有任何顾虑，请您按照实际情况回答下列问题。衷心感谢您的支持与合作！

1. 您认为高职学校推行"1+X"证书制度的人才培养模式的优缺点分别是什么？

_____

_____

2. 您是"双师型"教师吗？您是否有企业工作经历，时长是多少？

_____

_____

3. 学校有为教师提供针对"X"证书的培训吗？有哪些呢？（包括但不限于职业等级证书培训、教学方法培训、课程设计培训等）

_____

_____

4. 您认为目前大数据与会计专业的课程设置与"1+X"证书制度相适应吗？

_____

_____

5. 学校有要求大数据与会计专业的学生考取会计相关的技能等级证书吗？学校有提供相关培训吗？

_____

_____

6. 近年来，据您所知本校大数据与会计专业学生毕业后对口就业率是多少？

_____

_____

7. 大数据与会计专业目前有什么校企合作的形式？与学校进行校企合作的企业是怎样选择的？

_____

_____

8. 您认为学校在实践教学设施方面的投入足够吗？学校主要通过哪些方面提高学生的能力？

_____

_____

附录三　湖南省长沙市高职学校大数据与会计专业综合育人现状访谈提纲（企业版）

尊敬的企业：

您好！非常感谢您参与本次访谈活动。本次访谈的主要目的是了解高职学校大数据与会计专业用人需求及就业相关情况，以优化大数据与会计专业综合育人实践研究。访谈问答不记名，您不必有任何顾虑，请您按照实际情况回答下列问题。衷心感谢您的支持与合作！

1. 学生实习前，企业有做相关培训或者实训工作吗？

_____

_____

2. 学生在实习过程中表现如何？

_____

_____

3. 学生在实习过程中还欠缺哪些能力？

_____

_____

4. 贵公司认可"1＋X"证书吗？

_____

_____

5. 校企合作的初衷是什么？

_____

_____

6. 公司提供的岗位对口吗?

_____

_____

7. 校企有没有共同开发理论或实践的课程/教材?

_____

_____

8. 公司骨干员工会不会去学校上实训课/培训?

_____

_____

9. 校企合作中政府有没有补贴或者优惠?

_____

_____

10. 与学校合作过程中是否有阻碍? 有什么其他问题?

_____

_____

11. 对优化校企合作有什么建议?

_____

_____